取り パソコン仕事の基本だけ！教えてください！

Please just let me know
the basics of computer work
as soon as possible!

大林ひろこ
Obayashi Hiroko

技術評論社

◆ サンプルファイルのダウンロード方法

　本書では、Excel（第4章）・Word（第5章）・PowerPoint（第6章）の解説に使用した データをサンプルファイルとしてダウンロード提供しています。ダウンロードは以下のサ ポートページから行えます。

https://gihyo.jp/book/2024/978-4-297-14118-9/support/

・サンプルファイルは圧縮されていますので、ダウンロード後はフォルダーを展開してから ご利用ください。
・サンプルファイルは章ごとにフォルダーを分けています。またファイル名は、そのファイ ルを使用するセクション番号やページ数を示しています。
・本書解説の操作をしたあとの完成ファイルには、ファイル名の末尾に「A」とつけていま す。

【 注意書き 】

・本書に記載された内容は、情報の提供のみを目的としています。したがって、本書を用い た運用は、必ずお客様自身の責任と判断によって行ってください。これらの情報の運用の 結果について、著者および技術評論社はいかなる責任も負いません。
・本書記載の情報は、2024年3月現在のものです。製品やサービスは改良、バージョン アップされる場合があり、本書での説明とは機能内容や画面図などが異なってしまうこと もあり得ます。あらかじめご了承ください。

以上の注意事項をご承諾いただいた上で、本書をご利用願います。これらの注意事項をお読 みいただかずに、お問い合わせいただいても、技術評論社は対応しかねます。あらかじめご 承知おきください。

■本書に掲載した会社名、プログラム名、システム名などは、米国およびその他の国における登録商標または商 標です。本文中では ™ マーク、® マークは明記していません。

はじめに

「あなたのパソコンのお悩みは何ですか？」

　仕事の効率を上げたい、専門用語が苦手、トラブルがこわい、社内で質問しづらい、そもそも何から学び始めたらよいかわからない……。もし何か一つでも当てはまることがあれば、この本がきっとあなたの役に立ちます。

　本書は、ビジネスシーンで必要とされるパソコンの操作を「基本だけ」に絞って解説した書籍です。便利な文字入力や時短テクニックから、検索力、ビジネスメール、そしてExcel・Word・PowerPointまで幅広く、しかし大切なことだけをまとめています。これまでパソコン仕事をする機会があまりなかった方でも、「この一冊で必要なことを身につけられる本」を目指しました。

　また本書は、新入社員「ネコミさん」の成長ストーリーでもあります。最初はもちろん知らないことが多く失敗もしますが、彼女はそれでも実践することで徐々にパソコンスキルを身につけていきます。

　失敗ばかりの新入社員だった私も、今では年間500名以上の方々に個人レッスンや法人研修を提供しています。本書がこれから学んでいくあなたへのエールとなれば幸いです。

　さぁ、その一歩を踏み出していきましょう。

大林ひろこ

第1章 パソコン仕事、基本の「き」

第2章 信頼を築く ビジネスメール

第 3 章 ブラウザを攻略する

第4章 Excelで頼られる人になる

第 5 章　Word がグッと使いやすくなる

03 ビジネス文書づくりの基本

04 文字の見た目を整える

05 段落の見た目を整える

06 画像や表、テキストボックスを挿入する

07 ステップアップのための応用機能

第6章 ラクして伝わるPowerPoint

第7章　スッキリ快適にする環境づくり

1

パソコン仕事、
基本の「き」

仕事にとっての パソコンとは?

仕事の「道具」としてのパソコン

　今やパソコンは、日々の仕事を進めていく上で欠かせないものになりました。しかし忘れてはいけないのは、あくまでもパソコンは「道具」にすぎないということです。自分が何をやりたいのかというイメージがあってはじめて、道具としてのパソコンが生きてきます。

　だからこそ使う前が肝心です。「せっかく作った資料の方向性が違っていた……」ということにならないよう、**パソコン作業をはじめる前に、誰に何を見せるための資料なのか、ゴール設定を明確にしましょう**。考えをまとめてから作業することは、パソコンを使うこと以前に、仕事の生産性を上げるためにとても重要なことです。

　また同時に、パソコンに何ができるのかを知っておかなければ、非効率な作業を繰り返すことにもなりかねません。本書では、**これさえわかればパソコン仕事で困らなくなる**、というパソコン仕事の基本を紹介します。パソコンを使い慣れるまでは大変かもしれません。けれども、慣れればとても力強い味方になってくれるのがパソコンという道具です。

リス課長、例の資料です

えぇっ、ネコミさんコレ方向性ちがうよ

||||| ピョン

PC仕事の前にゴール設定と早めの確認を!

［ 全操作に共通する進め方 ］

あまりにも基本的なことなので、逆に見落としがちなことに「選択」と「操作」があります。単純化してしまえば、**パソコンの基本操作は、「何を」「どうする」の2つだけ**です。操作したいものを「選択」して、それに対して「操作」する、ということですね。

たとえば下記の例だと、操作対象が選択できていないときは、操作しても何もできません。表や図形などのように、選択してはじめてメニューが表示されるものもあります。パソコンの操作で「おかしいな」と感じたら、**操作対象をきちんと選ぶ、ということができているか確認してみてください**。全操作に共通する進め方、「何を」「どうする」で、パソコンに指示通り動いてもらいましょう。

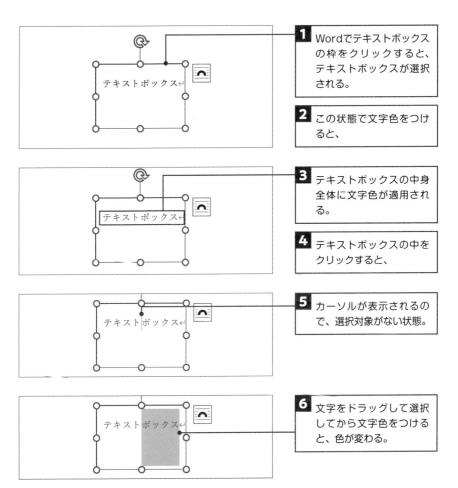

1 Wordでテキストボックスの枠をクリックすると、テキストボックスが選択される。

2 この状態で文字色をつけると、

3 テキストボックスの中身全体に文字色が適用される。

4 テキストボックスの中をクリックすると、

5 カーソルが表示されるので、選択対象がない状態。

6 文字をドラッグして選択してから文字色をつけると、色が変わる。

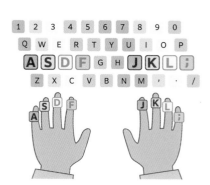

PC基本 02 文字入力の基本

〔 タッチタイピングできる3割の人材に 〕

　これだけパソコンが普及しても、7割の人はタッチタイピングができないともいわれています。いつまでもキーボードを見ながらでは、残念ながらタイピングスキルは上達しません。以前私が講師として勤めていたパソコン教室では、**毎日10分の練習を2か月間続けた人は、日本語で800字ほど、早い人なら1,000字以上のタイピングが10分間でできるようになりました。**日本語ワープロ検定試験（日本情報処理検定協会主催）では、最高峰の1級を取得するために必要なタイピング数は**700字**です。これはパソコン仕事をする人に、最初に目指してほしい数字です。

　5つのポイントを押さえた正しいやり方で、スピードよりも正確さを重視した練習からはじめてみましょう。

●5つのポイント

- ・①指をホームポジションに軽くおく
- ・②手首上部をそのまま下につける
- ・③視線は手元でなくディスプレイだけを見る
- ・④決められた指で同じ色のキーを打つ（下図）
- ・⑤毎回ホームポジションに戻る

●ホームポジションとは？
　①FとJに両手の人差し指をおく
　②ほかの指も順番においていく

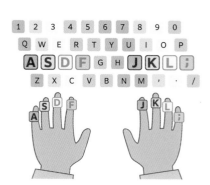

{ 文字入力を早くするコツ }

　文字入力では、半角／全角キーで日本語モード（全角文字）と英数モード（半角文字）を切り替えるのが基本です。しかしモードの切り替えには手間がかかりますよね。ここでは、日本語モードでスペースキーを使って漢字などに変換する以外にも、文字変換を省力化するために知っておいてほしいキーをご紹介します。

　まずは 無変換 キーです。入力後に 無変換 キーを押せば**カタカナに変換**することができます。これはホームポジションが崩れないのでとてもおすすめです。次に、すでに**確定した文字を再変換**するには 変換 キーを使うと再入力しなくて済みますし、**半角英字への変換**は F10 キーで一発変換と再変換が可能です。**半角スペースの入力**も、 Shift ＋ スペース キーでできるので便利です。

●**文字変換を省力化する方法**

- ・ 無変換 キー：1回でカタカナに、2回で半角カタカナ、3回でひらがなになる
- ・ 変換 キー：確定済みの文字を再変換する
- ・ F10 キー：1回で半角英字の小文字になり、2回で大文字、3回で頭文字が大文字になる
- ・ Shift ＋ スペース キー：半角スペースになる

知っておきたい！

Shift／Ctrl／Fnキーの意味

Shift キーと Ctrl キー、 Fn キーは他のキーと組み合わせて使うキーで、これを修飾キーと呼びます。それぞれのキーの使い道には傾向があるので、ここではその「意味」を覚えておきましょう。

- ・ Shift キー：キーの上段に表示されている文字を入力（！や＃の入力）／英字入力で大文字と小文字を切り替える
- ・ Ctrl キー：ショートカットキーの起点として使う
- ・ Fn キー：ノートパソコンで、複数の機能が割り当てられているキーに使う

第 1 章 パソコン仕事、基本の「き」

マウス操作の基本

｛ マウスの基本操作一覧 ｝

　マウスの左ボタンを1回押すと**クリック**、2回で**ダブルクリック**です。マウスの左ボタンを押したままマウスを移動し離すことを**ドラッグ＆ドロップ**といいます（以降、ドラッグと表記）。**右クリック**はメニュー表示のために使います。また、マウスの左右のボタンの間でコロコロと動く**ホイール**は、転がすと画面を上下にスクロールすることができます。それぞれの操作には特定の用途がありますので、ここで見直しておきましょう。

●マウス操作と用途

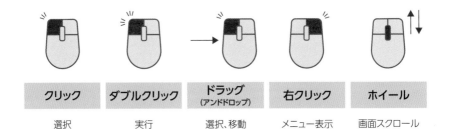

クリック	ダブルクリック	ドラッグ （アンドドロップ）	右クリック	ホイール
選択	実行	選択、移動	メニュー表示	画面スクロール

｛ 実は便利なホイールクリック ｝

　マウスのホイールを少し押しこむと、**ホイールクリック**という操作になります。一般的には画面をスクロールする場合に使われますが、意外と知られていないのが、**タスクバーからアプリを新しく起動したり、閉じたりという操作**です。通常、アプリがすでに起動している状態ではタスクバーのアプリをクリックしても画面が切り替わるだけですが、タスクバーのアプリをホイールクリックすると、さらに新しい画面でアプリを開くことができます。

　ほかにもインターネット検索時にも役立ちます。これについては第3章（→P.53）でお伝えします。

◆ 画面スクロール

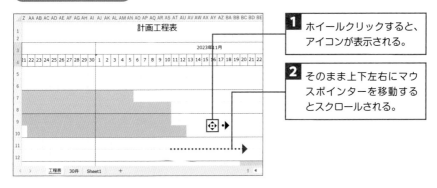

1 ホイールクリックすると、アイコンが表示される。

2 そのまま上下左右にマウスポインターを移動するとスクロールされる。

◆ アプリの起動と閉じる

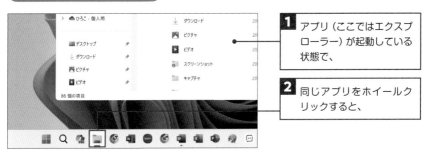

1 アプリ (ここではエクスプローラー) が起動している状態で、

2 同じアプリをホイールクリックすると、

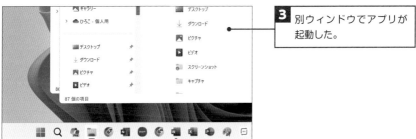

3 別ウィンドウでアプリが起動した。

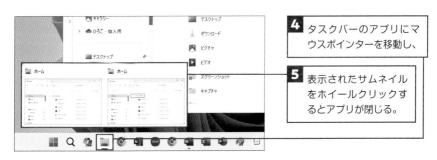

4 タスクバーのアプリにマウスポインターを移動し、

5 表示されたサムネイルをホイールクリックするとアプリが閉じる。

PC基本
04 必ず知っておきたい操作

〔 入力やメニュー画面をキャンセル 〕

パソコンを使ううえで必ず知っておきたいのが `Esc` (エスケープ) キーです。入力を途中で取り消す、表示されたメニュー画面を取り消すときなどに大変便利です。

◆ 入力を途中で取り消す

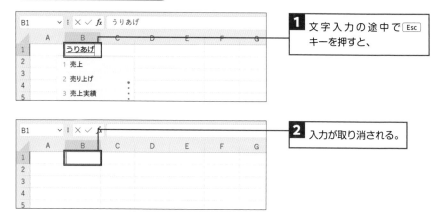

1 文字入力の途中で `Esc` キーを押すと、

2 入力が取り消される。

◆ メニュー画面をキャンセルする

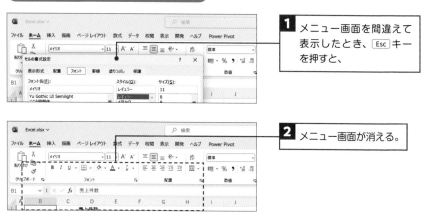

1 メニュー画面を間違えて表示したとき、`Esc` キーを押すと、

2 メニュー画面が消える。

〔 元に戻す、やり直す 〕

間違えてしまった操作を元に戻したい、というときは Ctrl + Z キーを使います。Ctrl + Z キーを押したあとに操作をやり直したい場合は Ctrl + Y キーで戻せますので、セットで覚えておきましょう。

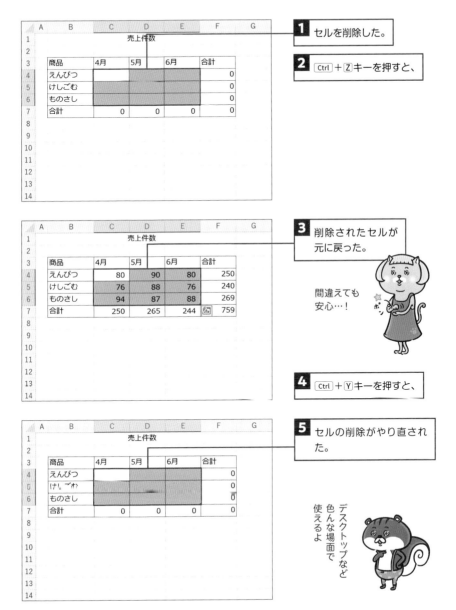

1 セルを削除した。

2 Ctrl + Z キーを押すと、

3 削除されたセルが元に戻った。

間違えても安心…！

4 Ctrl + Y キーを押すと、

5 セルの削除がやり直された。

デスクトップなど色んな場面で使えるよ

〔 タスクを切り替える 〕

パソコンでよく使う操作の一つに **「タスク切り替え」** があります。タスクとは「仕事」の意味で、パソコンの場合はアプリを切り替えることをタスク切り替えといいます。私達は常に忙しく、仕事をするうえでは同時に複数のアプリを使うことになります。たとえばWordからExcelへ、次はメールへとタスクを切り替えながら、ウィンドウを行ったり来たりして、優先度の高い仕事から手を付けていきます。

タスク切り替えはタスクバーからも実行できますが、**ショートカットキーの** Alt **＋** Tab **キーで行えるようになっておきましょう。**

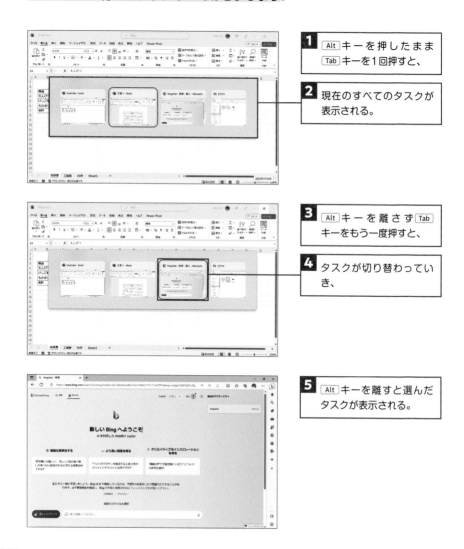

1 Alt キーを押したまま Tab キーを1回押すと、

2 現在のすべてのタスクが表示される。

3 Alt キーを離さず Tab キーをもう一度押すと、

4 タスクが切り替わっていき、

5 Alt キーを離すと選んだタスクが表示される。

｛　2つのウィンドウを並べる　｝

　2つのウィンドウを並べると、双方向のデータのコピーや移動などがラクにできるようになります。しかし見やすく並べるために、ウィンドウをサイズ変更したり移動させたりするのは面倒です。**ウィンドウ操作は、⊞キーを使って簡単に済ませましょう。**⊞＋矢印キーで矢印の方向にウィンドウが整列します。

1 ⊞＋←キーを押すと、

2 ウィンドウが左半分に整列する。

3 右半分に何を表示するかを矢印キーで選び、Enterキーを押すと、

4 2つの画面に整列した。

作業しやすくなる～

● ⊞＋矢印キーの動作一覧

- ・⊞＋↑キー：ウィンドウを最大化する
- ・⊞＋↓キー：ウィンドウを最小化する
- ・⊞＋←キー：ウィンドウを画面左半分に表示する
- ・⊞＋→キー：ウィンドウを画面右半分に表示する

{ デスクトップを表示する }

　デスクトップにあるファイルを開くために、現在のウィンドウを最小化して、また次のウィンドウも最小化して……と幾度となく繰り返してしまうときがあります。このような場合も■キーは役立ちます。■ + D (Desktop) キーで瞬時にデスクトップが表示されます。

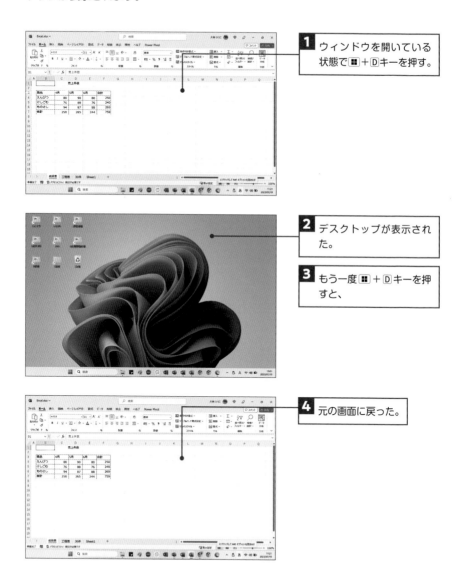

1 ウィンドウを開いている状態で■+Dキーを押す。

2 デスクトップが表示された。

3 もう一度■ + Dキーを押すと、

4 元の画面に戻った。

｛ セキュリティ対策のための画面ロック ｝

　共有で利用しているパソコンを除いて、**離席時に自分のパソコン画面をロックすることは社会人としてのマナー**です。⊞ ＋ Ｌ (Lock) キーで、パソコンのサインイン画面に戻ります。不在時に第三者が勝手にパソコンを操作することや、重要な情報が漏洩することのないよう、常にセキュリティ対策を心がけましょう。

1 作業中に ⊞ ＋ Ｌ キーを押す。

2 サインイン画面に戻った。

少しの時間でも
ロックしましょう

お昼休み～♪

ネコミさんパソコン
開きっぱなし！

トラブル時の対処法

〔 もしものときのアプリ強制終了 〕

作業中にアプリがフリーズして応答しなくなってしまうことがあります。時間が
経っても同じ状況が続くときは、**「タスクマネージャー」からアプリを強制終了**
するしかありません。タスクマネージャーとは、現在実行中のアプリやプロセスの使
用状況を監視するアプリです。保存前のデータは削除されてしまいますが、急にパソ
コン本体の電源を切ってしまわないよう操作方法を知っておきましょう。

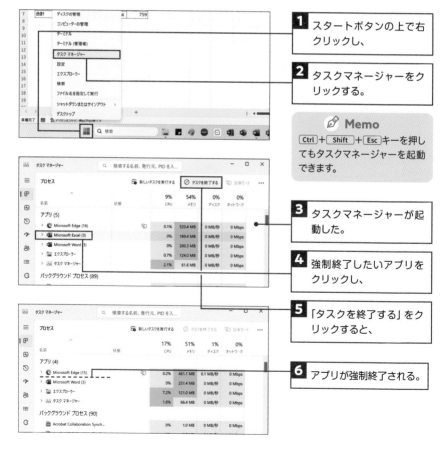

1 スタートボタンの上で右
クリックし、

2 タスクマネージャーをク
リックする。

✍ Memo
Ctrl + Shift + Esc キーを押し
てもタスクマネージャーを起動
できます。

3 タスクマネージャーが起
動した。

4 強制終了したいアプリを
クリックし、

5 「タスクを終了する」をク
リックすると、

6 アプリが強制終了される。

2

信頼を築く
ビジネスメール

はじめに設定すべきこと

[ビジネスメールの基本]

◆ ルールとマナーを身につける

　ビジネスメールには、はじめのあいさつから結びの言葉まで特定の形式があり、ルールを守ったマナーある表現が求められます。チャットのような手軽さはありませんが、その反面、**やり取りが記録として残る、電話のように相手を一定時間拘束しないなどのメリット**があります。ビジネスメールのルールとマナーを身につけることは、結果としてお互いの信頼関係を築いていくこととなり、仕事を円滑に進めていくことができます。

◆ 相手の時間を奪わない

　受け取ったメールが、何度も読み直さないと意味がわからなかったり、確認の問合わせが必要になったりすると、相手の時間を奪うことにつながります。自分がメールを送るときには、**相手がパッと見て理解しやすい文面か、情報にモレがないか**など、送信前に必ずチェックしたいですね。メールは要件を伝え、相手の判断を仰いだり、相手に行動してもらうためのものです。わかりやすく、"伝わるメール"になるように心がけましょう。詳しくはP.34から解説します。

伝わるメールで仕事を
円滑に進めていきましょう

メールってつい
長くなっちゃう〜

ネコミさんからの
メール内容はカオス…

〔 署名は必ず設定する 〕

　署名とは、送信者の名前や連絡先などをメールの最後にまとめたものです。名刺にあるような情報を入れることで、どこの会社の誰からのメールなのかが、一目でわかり安心感を与えられます。新規メールを開くと、署名が自動で挿入されるよう設定できるので、必ず設定しておきましょう。以降はOutlookの画面を使って解説していきます。

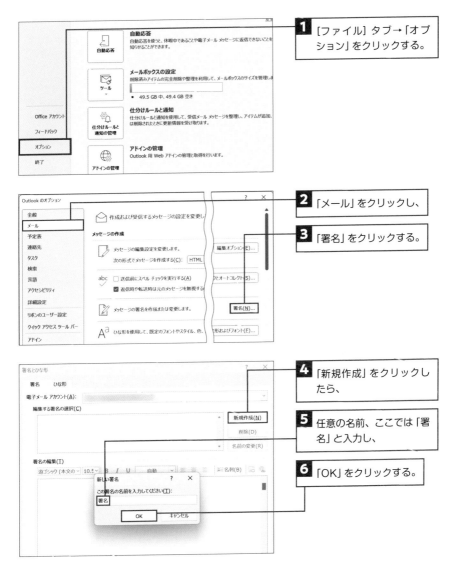

1 [ファイル] タブ→「オプション」をクリックする。

2 「メール」をクリックし、

3 「署名」をクリックする。

4 「新規作成」をクリックしたら、

5 任意の名前、ここでは「署名」と入力し、

6 「OK」をクリックする。

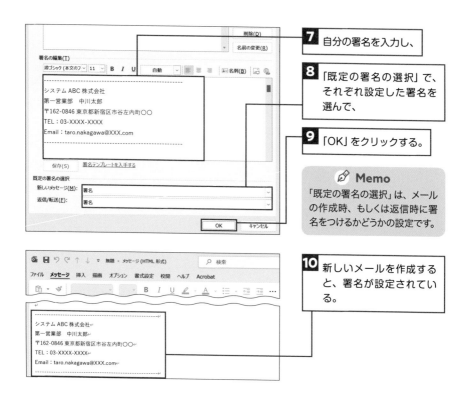

7 自分の署名を入力し、

8 「既定の署名の選択」で、それぞれ設定した署名を選んで、

9 「OK」をクリックする。

> 🖋 **Memo**
> 「既定の署名の選択」は、メールの作成時、もしくは返信時に署名をつけるかどうかの設定です。

10 新しいメールを作成すると、署名が設定されている。

｛ 送信者名の設定を確認する ｝

受信したメールには送信者の名前が表示されますが、この送信者名が単なるメールアドレスだと、開くのに躊躇してしまいます。受信者にとって**送信者名は、メールの選別や、優先順位を決める重要な要素**です。すでに送信者名が設定されている場合もありますが、相手からどのように見えているか確認し、**フルネームか、会社名＋フルネーム**で表示されるように設定しておきましょう。

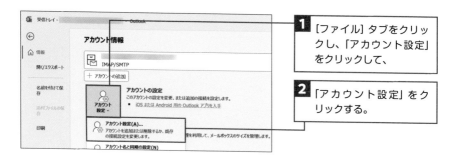

1 [ファイル] タブをクリックし、「アカウント設定」をクリックして、

2 「アカウント設定」をクリックする。

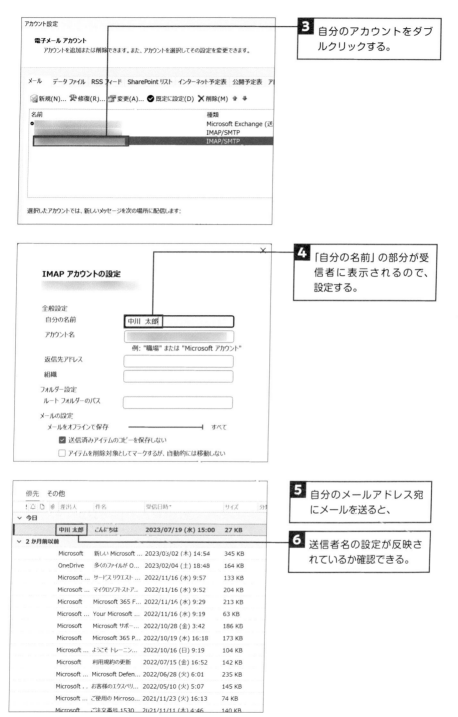

アカウント設定

電子メール アカウント
アカウントを追加または削除できます。また、アカウントを選択してその設定を変更できます。

メール　データ ファイル　RSS フィード　SharePoint リスト　インターネット予定表　公開予定表　ア

🔹新規(N)...　🛠修復(R)...　🖅変更(A)...　✅既定に設定(D)　✖削除(M)　⬆　⬇

名前	種類
🔘	Microsoft Exchange (送
	IMAP/SMTP
	IMAP/SMTP

選択したアカウントでは、新しいメッセージを次の場所に配信します:

> **3** 自分のアカウントをダブ
> ルクリックする。

IMAP アカウントの設定

全般設定

自分の名前　　　　中川 太郎

アカウント名　　　　
　　　　　　　　　例: "職場" または "Microsoft アカウント"

返信先アドレス　　

組織　　　　　　　

フォルダー設定

ルート フォルダーのパス　

メールの設定

メールをオフラインで保存　━━━━━━━━━━┥　すべて

☑ 送信済みアイテムのコピーを保存しない

☐ アイテムを削除対象としてマークするが、自動的には移動しない

> **4** 「自分の名前」の部分が受
> 信者に表示されるので、
> 設定する。

個先　その他

!	△	◌	ⓘ	差出人	件名	受信日時▾	サイズ	分
∨ 今日								
				中川 太郎	こんにちは	2023/07/19 (水) 15:00	27 KB	
∨ 2 か月前以前								
				Microsoft	新しい Microsoft ...	2023/03/02 (木) 14:54	345 KB	
				OneDrive	多くのファイルが O...	2023/02/04 (土) 18:48	164 KB	
				Microsoft ...	サービス リクエスト ...	2022/11/16 (水) 9:57	133 KB	
				Microsoft ...	マイクロソフトストア...	2022/11/16 (水) 9:52	204 KB	
				Microsoft	Microsoft 365 F...	2022/11/16 (水) 9:29	213 KB	
				Microsoft ...	Your Microsoft ...	2022/11/16 (水) 9:19	63 KB	
				Microsoft	Microsoft サポー...	2022/10/28 (金) 3:42	186 KB	
				Microsoft	Microsoft 365 P...	2022/10/19 (水) 16:18	173 KB	
				Microsoft ...	ようこそ トレーニン...	2022/10/16 (日) 9:19	104 KB	
				Microsoft ...	利用規約の更新	2022/07/15 (金) 16:52	142 KB	
				Microsoft ...	Microsoft Defen...	2022/06/28 (火) 6:01	235 KB	
				Microsoft . .	お客様のエクスペリ...	2022/05/10 (火) 5:07	145 KB	
				Microsoft ...	ご使用の Microso...	2021/11/23 (火) 16:13	74 KB	
				Microsoft	ご注文番号 1530	2021/11/11 (木) 4:46	140 KB	

> **5** 自分のメールアドレス宛
> にメールを送ると、

> **6** 送信者名の設定が反映さ
> れているか確認できる。

メール操作の基本

〔 基本操作こそ時短したい 〕

　日々大量のメールをスムーズに処理していくために、**基本操作はショートカットキーを使いましょう。**新規メールは Ctrl + N (New)、返信には Ctrl + R (Return)、全員に返信には Ctrl + Shift + R です。全員に返信すると、差出人だけでなくCCやBCCに含まれる人にもメールが届きます。

　また、受信メールを他の人に転送したいときは Ctrl + F (Forward) を、メールが完成したら Ctrl + Enter で送信します。たくさんありますので、使いやすいものから一つずつ試してみてください。

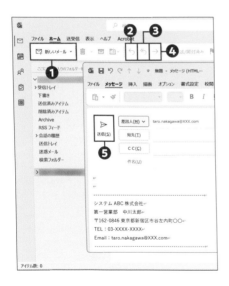

❶新規メール： Ctrl + N キー

❷返信： Ctrl + R キー

❸全員に返信： Ctrl + Shift + R キー

❹転送： Ctrl + F キー

❺メール送信： Ctrl + Enter キー

Ctrl + N から
試してみようかな

うんうん、
ムリせずー つずつ
やっていこう

知っておきたい！

Ctrl＋Enterキーは初回確認が必要

Ctrl + Enter キーをはじめて押すと、「Ctrl＋Enterキーをメール送信のショートカットキーとして使うかどうか」の確認メッセージが表示されます。この画面で「OK」を押すと、ショートカットキーが有効になります。

◆ Tabキーで入力欄を移動する

メールを作成するときに Tab キーを使うと、「宛先→件名→本文」へのカーソル移動がスムーズになります。マウスで入力欄をクリックする手間をなくし、Tab キー1つで「次へ」進みましょう。もし入力欄を1つ「前へ」戻りたいときは、Shift ＋ Tab キーを使います。完成したメールは Ctrl ＋ Enter キーを押すと直ちに送信することができるので、キーボードだけで手際よく、メールの作成から送信までが行えるようになります。

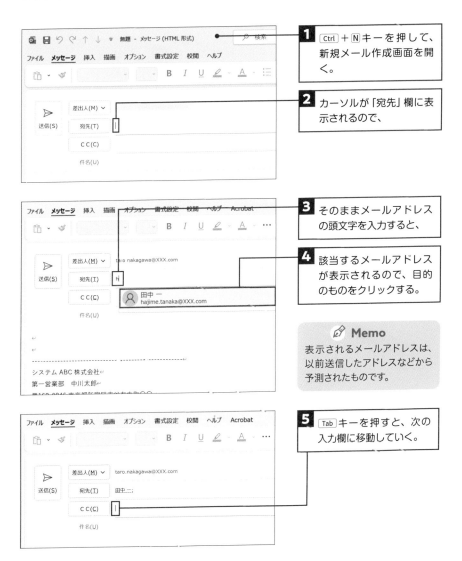

1 Ctrl ＋ N キーを押して、新規メール作成画面を開く。

2 カーソルが「宛先」欄に表示されるので、

3 そのままメールアドレスの頭文字を入力すると、

4 該当するメールアドレスが表示されるので、目的のものをクリックする。

> ✍ **Memo**
> 表示されるメールアドレスは、以前送信したアドレスなどから予測されたものです。

5 Tab キーを押すと、次の入力欄に移動していく。

031

{ インラインで返信する }

インライン返信とは、**返信メールにおいて相手の文章の一部を引用し、それぞれの質問に対して順番に回答を挿入すること**です。質問と回答が並ぶことで情報が整理しやすくなり、回答もれを防ぎやすくなります。また質問と回答の区別がつきやすいように、回答のフォント書式は解除しておくとよいでしょう（方法は次ページ参照）。

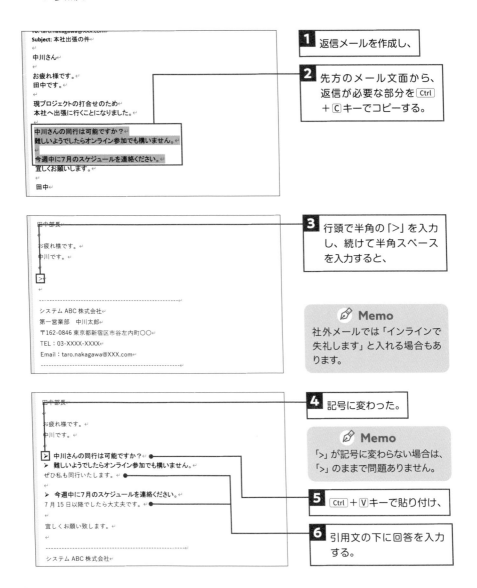

1 返信メールを作成し、

2 先方のメール文面から、返信が必要な部分を Ctrl ＋ C キーでコピーする。

3 行頭で半角の「>」を入力し、続けて半角スペースを入力すると、

🖋 **Memo**
社外メールでは「インラインで失礼します」と入れる場合もあります。

4 記号に変わった。

🖋 **Memo**
「>」が記号に変わらない場合は、「>」のままで問題ありません。

5 Ctrl ＋ V キーで貼り付け、

6 引用文の下に回答を入力する。

{ フォント書式を統一する }

　メール作成時に、他のメールやWebサイトから文字をコピーすると、フォントの種類や色などの書式が揃わないことがあります。とても不格好なため、メール全体のフォント書式は統一しましょう。Ctrl＋スペースキーを使うと書式が解除できて**大変便利**です。また、入力前に操作すると直前の書式を解除して、既定の書式で入力をはじめられます。インライン返信に回答するときも役立ちますね。

田中部長↵
↵
ご返信をありがとうございます。↵
↵
では、ご提示いただきました日程より↵
7月22日～7月23日↵
↵

システム ABC 株式会社↵
第一営業部　中川太郎↵
〒162-0846 東京都新宿区市谷左内町○○↵
TEL：03-XXXX-XXXX↵
Email：taro.nakagawa@XXX.com↵

↵

1 コピペで書式が違ってしまった文字列を選択し、

2 Ctrl＋スペースキーを押すと、

田中部長↵
↵
ご返信をありがとうございます。↵
↵
では、ご提示いただきました日程より↵
7月22日～7月23日↵

システム ABC 株式会社↵
第一営業部　中川太郎↵
〒162-0846 東京都新宿区市谷左内町○○↵
TEL：03-XXXX-XXXX↵
Email：taro.nakagawa@XXX.com↵

↵

3 書式がリセットされ、フォント書式が統一される。

インライン以外の書式は統一しよう

かしこまり～

03 伝わるメールの書き方

〔 宛先／CC／BCCの役割 〕

メールアドレスの入力欄は3つあり、どこに入れるかによって、先方に伝わる意味合いが異なります。**「宛先」欄には主な受信者**を、**「CC」欄には上司や関係者など、メールのコピーを送りたい受信者**を指定します。メール本文に「CC：○○様」と明記することもあり、CCで受信したとき返信は必要ありません。また**BCC欄**の受信者には、他の受信者に知られずメールのコピーを送れるため、多くの人に一斉送信するときに個人のプライバシーを守ることができます。

・宛先：主な受信者を入力
・CC：メールのコピーを送りたい受信者を入力
・BCC：メールのコピーを他の人に知られず送りたい受信者を入力

◆ BCC欄に入力する方法

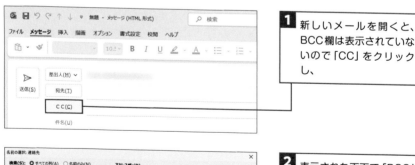

1 新しいメールを開くと、BCC欄は表示されていないので「CC」をクリックし、

2 表示された画面で「BCC」欄にメールアドレスを入力する。

{ 件名には目的を書く }

件名は短くわかりやすくが鉄則です。メールの目的が明確な「〇〇会議日程のご相談」「お見積書ご確認のお願い」などの件名で受けとると、こちらもスムーズに対応できます。一方で「〇〇会議の日程について、3月中旬あたり調整できればと考えています」などのような、長くて目的がはっきりしない文章のような件名には、イラっとされることも。ビジネスメールは仕事を円滑に進めるためのものなので、件名で目的を端的に伝えましょう。

{ 箇条書きで簡潔にまとめる }

メールの本文がだらだらと長くなりそうなときは、箇条書きにまとめましょう。短い文にすることで**重要なポイントが明確になる**ため、先方は内容を理解するための時間や労力が少なくなります。以下に2つの箇条書きの事例をご紹介します。

●ポイントをまとめる場合
＜変更前＞
社内旅行が5月11日に決定しました。皆さん午前9時に〇〇線〇〇駅改札口に集合をお願いします。

＜変更後＞
社内旅行のご案内です。
・日　　時：5月11日午前9時
・集合場所：〇〇線〇〇駅改札口

●選択肢を提示する場合
＜変更前＞
ランチミーティングのお弁当を注文します。「唐揚げ弁当」「幕の内弁当」「チキン南蛮弁当」からいずれか1つを選んでご返信ください。

＜変更後＞
ランチミーティングのお弁当を注文します。希望のお弁当を以下①〜③でご返信ください。
①唐揚げ弁当
②幕の内弁当
③チキン南蛮弁当

ビジネスメールに必要な5つの要素

　ここではビジネスメールに必要な5つの要素をご紹介します。少し堅苦しくなりますが、ビジネスメールは特定の形式を守ることが大切です。定番のあいさつや言い回しを使うことで、文章の端々に相手に対する敬意や感謝が伝わります。事例をもとに**ステップごとのルールとマナー**を確認していきましょう。

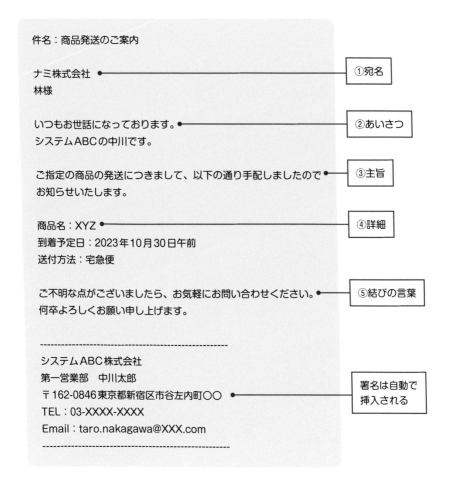

件名：商品発送のご案内

ナミ株式会社 — ①宛名
林様

いつもお世話になっております。 — ②あいさつ
システムABCの中川です。

ご指定の商品の発送につきまして、以下の通り手配しましたので — ③主旨
お知らせいたします。

商品名：XYZ — ④詳細
到着予定日：2023年10月30日午前
送付方法：宅急便

ご不明な点がございましたら、お気軽にお問い合わせください。 — ⑤結びの言葉
何卒よろしくお願い申し上げます。

システムABC株式会社
第一営業部　中川太郎
〒162-0846東京都新宿区市谷左内町〇〇 — 署名は自動で挿入される
TEL：03-XXXX-XXXX
Email：taro.nakagawa@XXX.com

◆ ①宛名

社外メールの場合、**先方の「会社名」と「名前」**を書きます。当たり前のことですが、ここでの誤字脱字は大変失礼です。会社名の株式会社は（株）などに省略せず、名前には「様」をつけましょう。社内メールの場合は「○○部長」「○○様」「○○さん」などが一般的です。

また社内外問わず、宛先が複数名となる場合は**役職順**に、または「皆様」をより丁寧に表現した「各位」を使います。

●社外の場合
株式会社○○
○○様

●社内の場合
営業部　各位

◆ ②あいさつ

社外メールは「いつもお世話になっております。」などの書き出しで、**先方に感謝を伝えます**。そのあと**自分の会社名と名前を名乗ります**。社内メールの場合は「お疲れさまです。」と仕事仲間に労いを伝えてから、所属部署や名前を伝えましょう。このような定番のあいさつは、ビジネスメールで確立されている表現です。

●社外の場合
いつもお世話になっております。
○○社の○○です。

●社内の場合
お疲れ様です。
営業部の○○です。

　メールの目的を簡潔に伝えたうえで、その主旨について詳しく述べます。モレなく情報を伝えましょう。**長くなりそうなときは「箇条書き」を活用**することをおすすめします（→P.35）。感謝や謝罪の場合は、気持ちを丁寧に伝えます。

●案内
ご依頼を頂いておりましたお見積書の件、添付にてお送りいたしますのでご査収くださいませ。

【添付ファイル名】
・商品Aお見積り書.pdf
・商品Bお見積り書.pdf

主旨でメールの
目的を伝えておくよ

●質問
お忙しいところ恐縮ですが、次回お打合せのご都合のよい日時をいくつかご提示いただけますでしょうか？

所要時間は1時間を予定しております。
貴社へのご訪問、またはオンラインのどちらでも可能です。

●依頼
弊社HPで使用するイラスト制作について、ご相談させていただきたくご連絡いたしました。
依頼したい内容は以下のとおりです。

【依頼内容】
目的：弊社HPにおける自社製品の販促
予算：〇〇〜〇〇円
希望納期：5月20日〜30日

箇条書き、
わかりやす〜い

●催促

入れ違いになっておりましたら大変申し訳ございません。
先週末を期限にお願いしておりました書類がまだ到着してないようです。
お忙しいところ恐れ入りますが、ご確認をお願いできますでしょうか。

●感謝

先日は勉強会にご参加いただき、大変ありがとうございました。

今後の業務にお役立ていただけますと幸いです。
ご不明だった点やご意見などございましたら、どうぞ遠慮なくご連絡く
ださいませ。

●謝罪

先日はご訪問できず大変申し訳ございませんでした。

貴重なお時間をいただいたにも関わらず、急な体調不良でご迷惑をおか
けいたしました。本来は直接お詫びを申し上げるところ、メールでのご
連絡となりましたこと重ねてお詫び申し上げます。

◆ ⑤結びの言葉

　状況に応じて、となりますが「今後ともよろしくお願いいたします。」など丁寧な言葉
で、先方への敬意と感謝で締めくくります。

ご不明な点がございましたら、お気軽にお問い合わせください。
引き続き、よろしくお願いいたします。

以上ご検討のほど宜しくお願い申し上げます。

お忙しいところ恐れ入りますが、何卒よろしくお願い申し上げます。

5つの要素、
なるほど

添付ファイルの留意点

メール **04**

ファイルサイズを確認する

　添付ファイルの容量は**2MB程度を目安**にしましょう。1通のメールで送受信できる容量は会社ごとに異なるものの、大きなファイルを添付すると先方が受信できなかったり、メールボックスの容量を圧迫してしまったりと先方の迷惑になる可能性があるためです。

　ファイルサイズは、**ファイルにマウスポインターを合わせて少し待つと表示**されます。たとえばWordやExcelなど文字ベースのものならKB単位（1MB＝1,000KB）で表示されるでしょう。

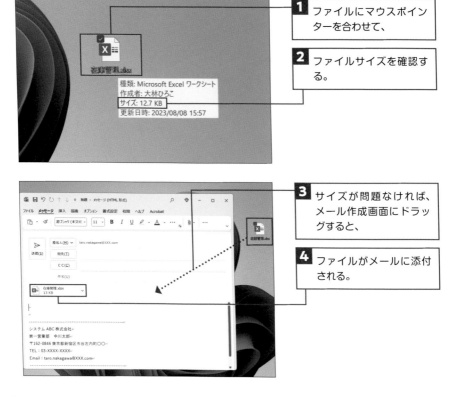

1 ファイルにマウスポインターを合わせて、

2 ファイルサイズを確認する。

3 サイズが問題なければ、メール作成画面にドラッグすると、

4 ファイルがメールに添付される。

◆ ファイルサイズが2MB以上の場合

　ファイルサイズが2MBを超えるものは添付ファイルではなく、ギガファイル便（https://gigafile.nu/）など**無料のファイル転送サービスを使う**ことをおすすめします。これらのサービスでは、ファイルをインターネット上にアップロードし、**ダウンロード用のURL**を介して、相手にダウンロードしてもらう仕組みです。そのため、添付ファイルがどれだけ大きくても容量を気にせずメールを送ることができます。

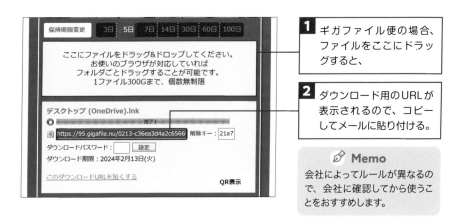

1 ギガファイル便の場合、ファイルをここにドラッグすると、

2 ダウンロード用のURLが表示されるので、コピーしてメールに貼り付ける。

> ✍ **Memo**
> 会社によってルールが異なるので、会社に確認してから使うことをおすすめします。

［ フォルダーを圧縮する ］

　メールに直接フォルダーを添付することはできません。しかし**フォルダーをZip形式のファイルに「圧縮」することで可能**になります。圧縮には2つのメリットがあり、一つはファイルサイズが小さくなること、そしてもう一つは複数ファイルやフォルダーを一つにまとめられることです。受信者は、ダウンロードしたZipファイルを右クリックして「すべて展開」をする操作が必要です。

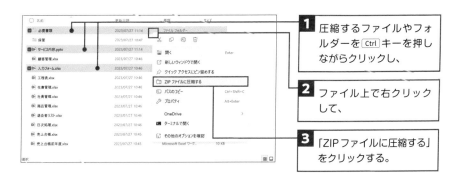

1 圧縮するファイルやフォルダーを Ctrl キーを押しながらクリックし、

2 ファイル上で右クリックして、

3 「ZIPファイルに圧縮する」をクリックする。

メール 05 時間をかけずに メールをさばく

{ 時短に効果大のクイック操作 }

クイック操作とは、たとえば上司にメールを転送する、毎回同じメンバーにメールを作成するといった**一連の定型処理をワンアクションで実行できるようにする機能**です。はじめに一連の操作を登録することで、日常的に繰り返し行う操作を自動化できます。

さらに、**ショートカットキーを設定できる**のもクイック操作の利点です。時短に効果大なので、よく行う操作はショートカットキーも登録しておきましょう。ここでは例として、「田中部長にメールを転送する操作」を作成します。

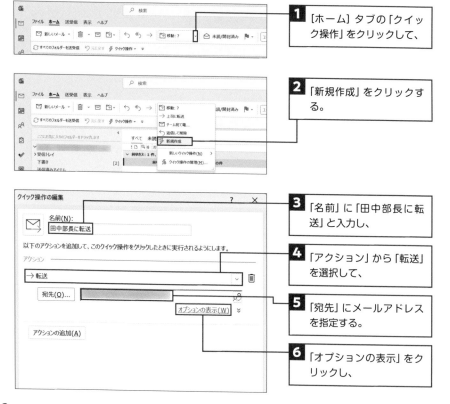

1 [ホーム] タブの「クイック操作」をクリックして、

2 「新規作成」をクリックする。

3 「名前」に「田中部長に転送」と入力し、

4 「アクション」から「転送」を選択して、

5 「宛先」にメールアドレスを指定する。

6 「オプションの表示」をクリックし、

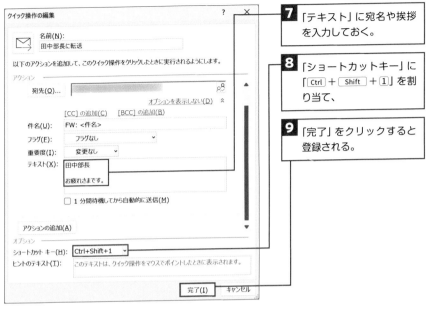

クイック操作の編集

名前(N):
田中部長に転送

以下のアクションを追加して、このクイック操作をクリックしたときに実行されるようにします。

アクション

宛先(Q)...

オプションを表示しない(D)

[CC] の追加(C)　[BCC] の追加(B)

件名(U):　FW: <件名>
フラグ(E):　フラグなし
重要度(I):　変更なし
テキスト(X):　田中部長
　　　　　　　お疲れさまです。

□ 1 分間待機してから自動的に送信(M)

アクションの追加(A)

オプション
ショートカット キー(H):　Ctrl+Shift+1
ヒントのテキスト(T):　このテキストは、クイック操作をマウスでポイントしたときに表示されます。

完了(I)　キャンセル

7 「テキスト」に宛名や挨拶を入力しておく。

8 「ショートカットキー」に「Ctrl + Shift + 1」を割り当て、

9 「完了」をクリックすると登録される。

すべて　未読

! □ 馬 @ 差出人　　件名

∨ 林ゆきえ: 1 件、1 件が未読

林ゆきえ　　お打合せの日程調整の件

10 転送したいメールを選択し、

11 Ctrl + Shift + 1 キーを押すと、

FW: お打合せの日程調整の件 - メッセージ (HTML...　　検索

ファイル　メッセージ　挿入　描画　オプション　書式設定　校閲　ヘルプ　Acrobat

差出人(M)　taro.nakagawa@XXX.com
送信(S)　　宛先(T)　田中二一
　　　　　　C C (C)

件名(U)　FW: お打合せの日程調整の件

田中部長

お疲れ様です。

システム ABC 株式会社
第一営業部　中川太郎
〒162-0846 東京都新宿区市谷左内町○○
TEL : 03-XXXX-XXXX
Email : taro.nakagawa@XXX.com

From: 林ゆきえ <
Sent: Thursday, July 27, 2023 12:49 PM
To: taro.nakagawa123@gmail.com
Subject: お打合せの日程調整の件

12 田中部長宛の転送メールが作成された。

リス課長あてに作ってみよう

ポン

そうそうその調子！

043

{ すばやくメールを検索する }

大量のメールから特定のメールをすばやく見つけるには、**Ctrl** ＋ **E** **キー**が便利です。画面上部の「検索ボックス」にカーソルが移動し、続けてキーワード（複数条件も可）が入力できます。検索すると、差出人や件名、本文や添付ファイル名などにヒットする検索結果が表示されます。

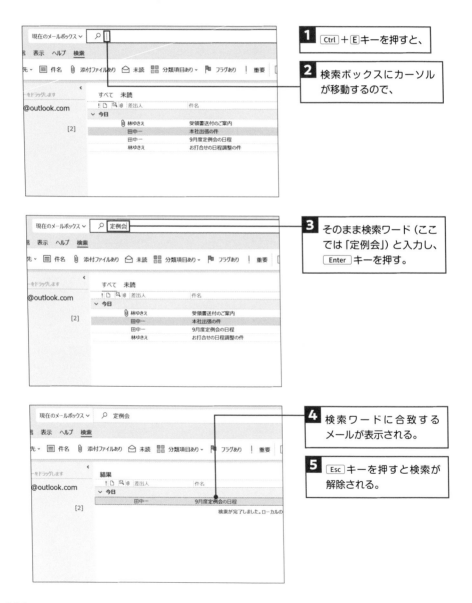

1 **Ctrl** ＋ **E** キーを押すと、

2 検索ボックスにカーソルが移動するので、

3 そのまま**検索ワード**（ここでは「定例会」）と入力し、**Enter** キーを押す。

4 検索ワードに合致するメールが表示される。

5 **Esc** キーを押すと検索が解除される。

◆ 検索結果を絞り込む方法

　メールを検索すると「検索」タブが表示され、「差出人」「宛先」「件名」「添付ファイルあり」といったいくつかのボタンが表示されます。これらのボタンを押すことで、検索結果をさらに絞り込むことができます。

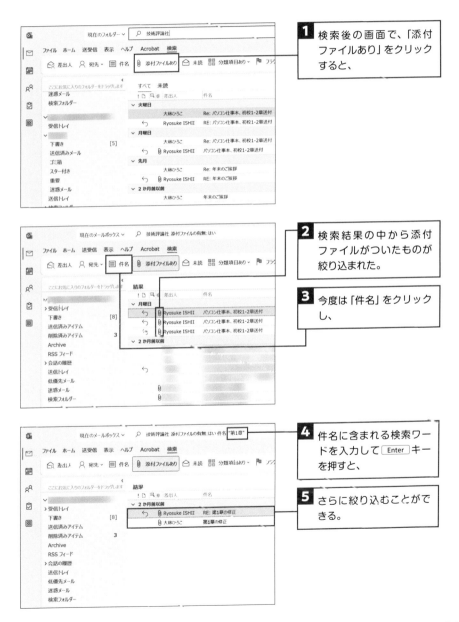

1 検索後の画面で、「添付ファイルあり」をクリックすると、

2 検索結果の中から添付ファイルがついたものが絞り込まれた。

3 今度は「件名」をクリックし、

4 件名に含まれる検索ワードを入力して Enter キーを押すと、

5 さらに絞り込むことができる。

{ フラグで印をつけておく }

　Outlookではメールに「フラグ」をつけることができます。いろいろな活用方法が
ある機能ですが、フラグは要するに「印」をつけることなので、たとえば**「すぐに返
信できないメールを忘れないようにする」「大事なメールに印をつけて探しや
すくする」**といったことに使えます。対応できたメールのフラグはすぐに外せるの
で、フラグが立ちすぎて受信ボックスが煩雑になることもありません。

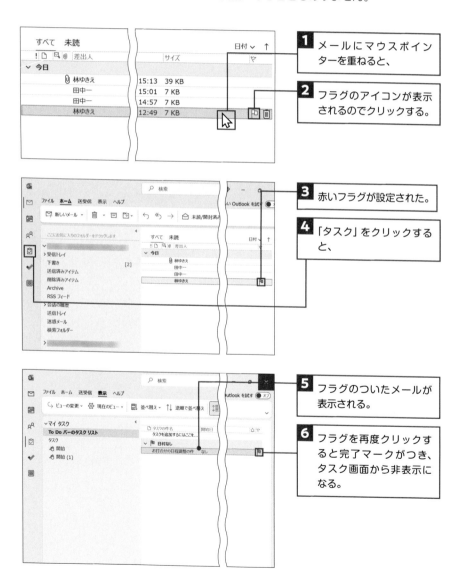

1 メールにマウスポインターを重ねると、

2 フラグのアイコンが表示されるのでクリックする。

3 赤いフラグが設定された。

4 「タスク」をクリックすると、

5 フラグのついたメールが表示される。

6 フラグを再度クリックすると完了マークがつき、タスク画面から非表示になる。

3

ブラウザを攻略する

ブラウザ 01 ブラウザの基本

〔 Windowsの標準ブラウザ「Edge」 〕

　ブラウザとは、インターネットを閲覧するためのアプリです。私たちは日々、スマホでもブラウザを使っていますが、Windowsパソコンでは**Microsoft Edge**(以下Edge)というブラウザが標準で搭載されています。パソコン版のブラウザの場合、Webサイトを表示するタブが、ブラウザの上部に並ぶことが特徴的です。

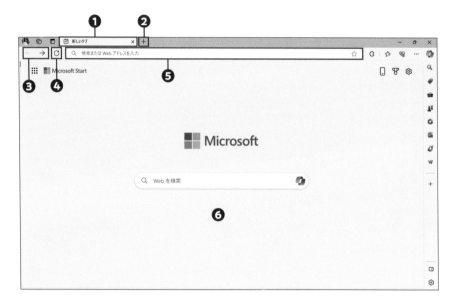

❶タブ：Webサイトを表示する。タブを追加すれば、複数のサイトを表示できる

❷「新しいタブ」ボタン：ブラウザに新しいタブを追加する

❸「戻る」／「進む」ボタン：前に表示した画面に戻ったり、進んだりする

❹更新ボタン：Webサイトを再読み込みして、情報を最新にする

❺アドレスバー：WebサイトのURLが表示される。直接検索ワードを入力できる

❻Webサイトの表示エリア：Webサイトの内容が表示されるエリア

｛ Edgeの検索エンジンをGoogleにする ｝

「検索エンジン」は、インターネット上の無数のWebサイトから定期的に情報を集め、独自の方法で**検索ワードに合うものを一瞬で並べ替えて表示します**。私たちが検索ワードを入力してすぐ情報が得られるのはこの検索エンジンのおかげです。

Edgeには標準で「Bing」という検索エンジンが設定されていますが、より一般的に使われている**「Google」をおすすめ**します。日本でも「ググる」など検索の代名詞として親しまれ、その世界シェアは8割を超えています（参考：2024年2月現在Statcounter社）。ここでは、Edgeの検索エンジンを「Bing」から「Google」に変更します。ただし、使用感が合わない場合は元に戻すこともできますので、ご自身の環境や使いやすさを優先して判断してください。

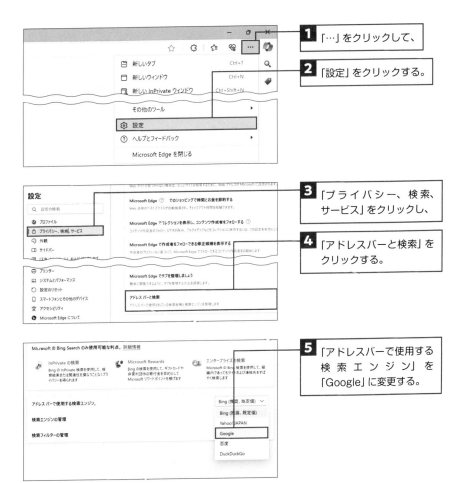

1 「…」をクリックして、

2 「設定」をクリックする。

3 「プライバシー、検索、サービス」をクリックし、

4 「アドレスバーと検索」をクリックする。

5 「アドレスバーで使用する検索エンジン」を「Google」に変更する。

ブラウザを快適に操作する

〔 検索にはアドレスバーを使う 〕

検索には検索ボックスよりも**アドレスバーを使うと早い**です。新しくタブを開くとカーソルがアドレスバーに表示されるので、そのまま入力して検索ができます。URLが表示されている状態でもクリックし、検索ワードを入力すれば検索可能です。

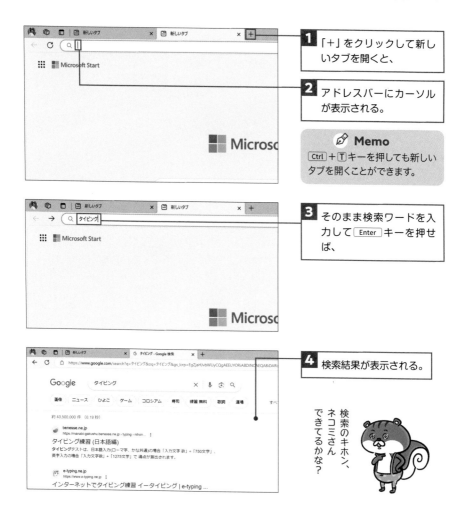

1 「+」をクリックして新しいタブを開くと、

2 アドレスバーにカーソルが表示される。

📝 Memo
Ctrl + T キーを押しても新しいタブを開くことができます。

3 そのまま検索ワードを入力して Enter キーを押せば、

4 検索結果が表示される。

検索のキホン、ネコミさんできてるかな?

｛ Webサイトの文字から検索する ｝

　Webサイトの記述に意味のわからない単語が出てくることがあります。その場合は、単語をドラッグし、右クリックのメニューから**「Webで"○○"を検索する」**を選んでください。すると新しいタブが開き、わからない単語を調べることができます。

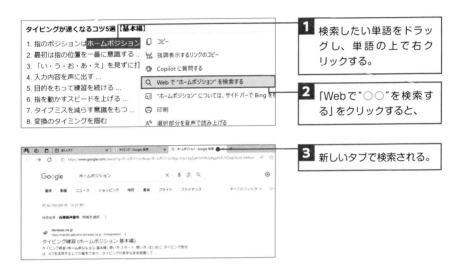

1 検索したい単語をドラッグし、単語の上で右クリックする。

2 「Webで"○○"を検索する」をクリックすると、

3 新しいタブで検索される。

｛ 進む、戻るのショートカットキー ｝

　検索中は色んなページを行ったり来たりします。「戻る」ボタンと「進む」ボタンで操作してもよいですが、頻繁に行う操作なのでショートカットキーを使ったほうがスムーズです。前に見たページに戻りたいときは $\boxed{\text{Alt}}$ ＋←キーで、進みたいときは $\boxed{\text{Alt}}$ ＋→キーです。このとき少し左手を移動してキーボード右側にある $\boxed{\text{Alt}}$ キーを使うようにすると左手だけで完結するため、右手はマウスが使えて便利です。

1 $\boxed{\text{Alt}}$ ＋←キーを押すと、

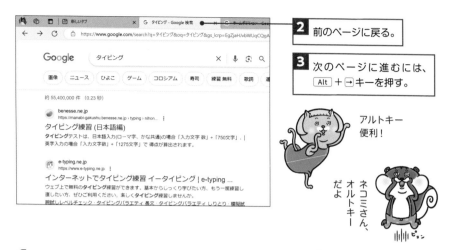

2 前のページに戻る。

3 次のページに進むには、
[Alt] ＋ → キーを押す。

アルトキー
便利！

ネコミさん、
オルトキー
だ
よ

｛ 画面スクロールと拡大／縮小の操作 ｝

　ブラウザを下に読み進めるときは、スクロールバーを使うよりもマウスのホイール
を下へ転がすのが早いです。また、このとき [Ctrl] キーを添えると、画面の表示を
拡大／縮小する操作に変わります。[Ctrl] を押しながらホイールを上へ転がすと拡
大、下へ転がすと縮小になります。あわせて覚えておきましょう。

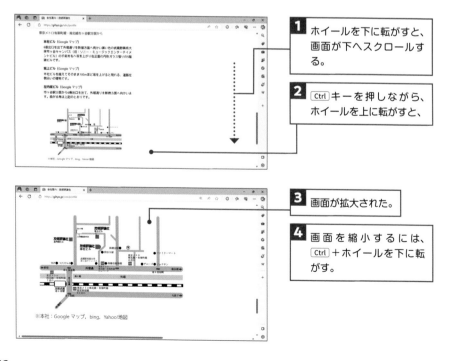

1 ホイールを下に転がすと、
画面が下へスクロールす
る。

2 [Ctrl] キーを押しながら、
ホイールを上に転がすと、

3 画面が拡大された。

4 画面を縮小するには、
[Ctrl] ＋ホイールを下に転
がす。

{ タブ操作に便利なホイールクリック }

　検索結果の情報をスムーズにチェックするためには、ホイールクリックがおすすめです。通常は検索結果をクリックしてサイトを確認し、そして検索結果に戻って次のサイトへ、という繰り返しになります。しかし、**はじめに検索結果の見たいリンクすべてをホイールクリックしておくと、そのリンクが新しいタブとして開きます**。一つずつ順番に情報を確認でき、不要なタブをその場で閉じれば情報整理がしやすいですね。タブを閉じるにも小さなバツをクリックするより、**ホイールクリックならタブ上のどこでも閉じることができます**。

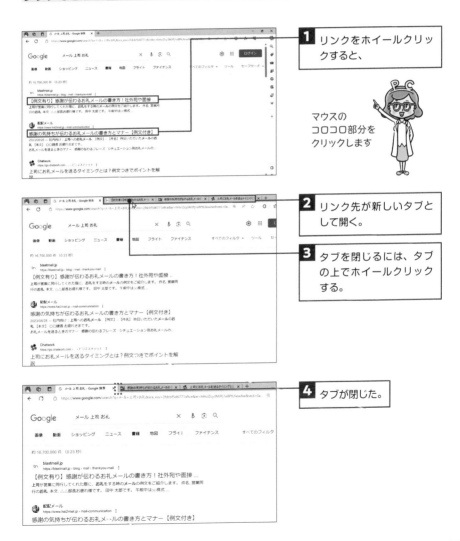

1 リンクをホイールクリックすると、

マウスの
コロコロ部分を
クリックします

2 リンク先が新しいタブとして開く。

3 タブを閉じるには、タブの上でホイールクリックする。

4 タブが閉じた。

検索力が高い人になる

ブラウザ 03

{ 期間を指定して最新の情報を探す }

　最新のものや、ある特定の期間のものを調べたいときは、**検索する期間を指定**しましょう。いったん検索したあとで、**検索結果画面の上部にある「ツール」**から設定することができます。設定できる期間は、「1時間以内」「24時間以内」「1週間以内」「1か月以内」「1年以内」と、「期間を指定」から手動で設定できます。

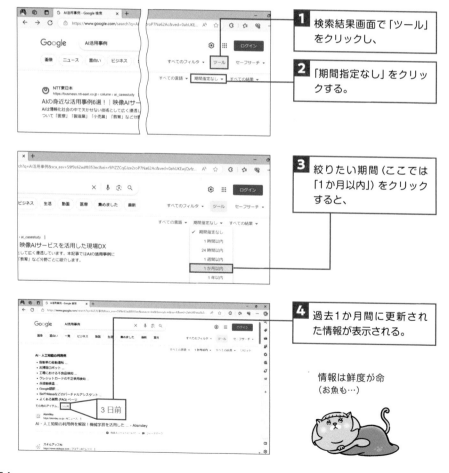

1 検索結果画面で「ツール」をクリックし、

2 「期間指定なし」をクリックする。

3 絞りたい期間（ここでは「1か月以内」）をクリックすると、

4 過去1か月間に更新された情報が表示される。

3日前

情報は鮮度が命
（お魚も…）

画像や動画だけを探す

　ブラウザで検索すると、検索結果の上に「ショッピング」「画像」「動画」などのボタンが表示されます。このボタンから**目的のカテゴリーを選び、検索結果をさらに絞り込みます**。たとえば「Web用カメラ」と検索するとします。そのあと「画像」ボタンをクリックすると、Web用カメラの画像だけが一覧表示されるので探しやすくなります。

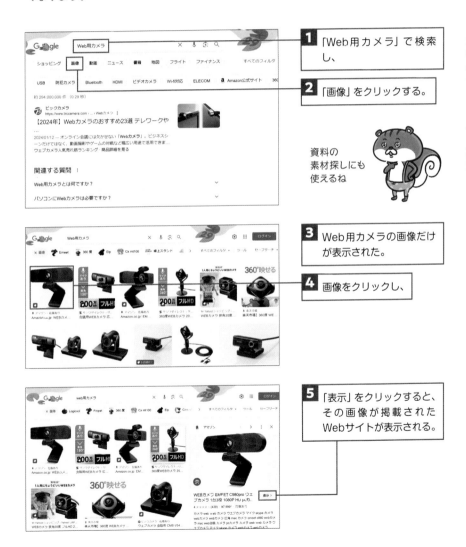

1 「Web用カメラ」で検索し、

2 「画像」をクリックする。

資料の
素材探しにも
使えるね

3 Web用カメラの画像だけが表示された。

4 画像をクリックし、

5 「表示」をクリックすると、その画像が掲載されたWebサイトが表示される。

検索の効率を上げる検索演算子

　検索を効率化するために知っておきたいのが「検索演算子」です。検索演算子は**検索のときに使う記号や単語**のことで、私たちが検索ワードを複数入力するときに使う「スペース」もその一つです。ほかにも検索演算子を活用することで情報を絞り込み、すばやく目的の情報にたどり着けるようになります。スペースキーは半角と全角の両方が使えますが、**それ以外の検索演算子は半角で入力する**ことに注意してください。

◆ 特定ワードを除外して検索する

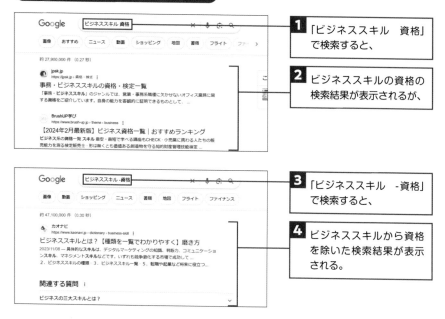

1 「ビジネススキル　資格」で検索すると、

2 ビジネススキルの資格の検索結果が表示されるが、

3 「ビジネススキル　-資格」で検索すると、

4 ビジネススキルから資格を除いた検索結果が表示される。

◆ 完全一致で検索する

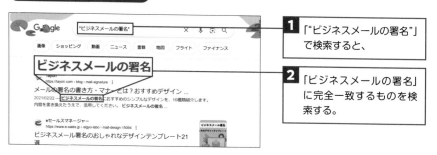

1 「"ビジネスメールの署名"」で検索すると、

2 「ビジネスメールの署名」に完全一致するものを検索する。

◆ ファイルの拡張子を指定して検索する

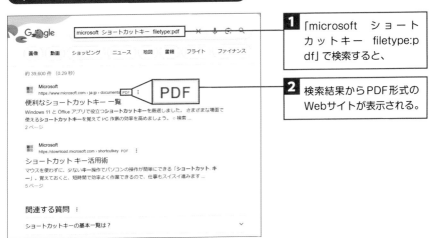

1 「microsoft　ショート　カットキー　filetype:p df」で検索すると、

2 検索結果からPDF形式の Webサイトが表示される。

- ● 「filetype:」の使い方

  検索ワード例:「microsoft　ショートカットキー　filetype:pdf」
  ・「filetype:」の後ろにファイル形式を指定する。

◆ 特定のWebサイトの中から検索する

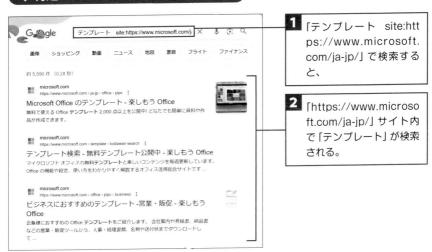

1 「テンプレート　site:htt ps://www.microsoft. com/ja-jp/」で検索する と、

2 「https://www.microso ft.com/ja-jp/」サイト内 で「テンプレート」が検索 される。

- ● 「site:」の使い方

  検索ワード例:「テンプレート　site:https://www.microsoft.com/ja-jp/」
  ・「site:」の後ろに検索したいWebサイトのURLを指定する。

［ ゼロクリック検索で計算、天気 ］

ゼロクリック検索とは、**必要な情報をクリックすることなく得られる検索方法**です。たとえば検索するときに「123*456」と計算式を入れてみてください（「*」は「×」の意味）。すると検索結果に「56088」と答えが表示されます。他にも「新宿区　天気」と入力すると新宿の天気が表示されるなど、最短でほしい情報にたどりつくことができます。

◆ 数値計算をする

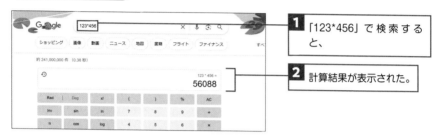

1 「123*456」で検索すると、

2 計算結果が表示された。

● 計算に使用する記号

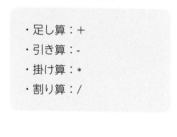

・足し算：＋
・引き算：-
・掛け算：*
・割り算：/

電卓みたい

計算記号は
Excel と同じだね

◆ 天気を調べる

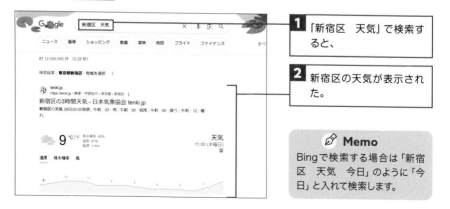

1 「新宿区　天気」で検索すると、

2 新宿区の天気が表示された。

> **✍ Memo**
> Bingで検索する場合は「新宿区　天気　今日」のように「今日」と入れて検索します。

◆ 海外の現地時間を検索する

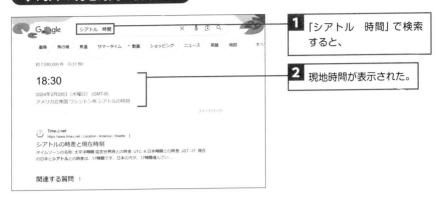

1 「シアトル 時間」で検索すると、

2 現地時間が表示された。

◆ 通貨計算をする

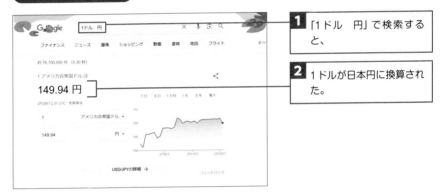

1 「1ドル 円」で検索すると、

2 1ドルが日本円に換算された。

◆ 株価チャートを検索する

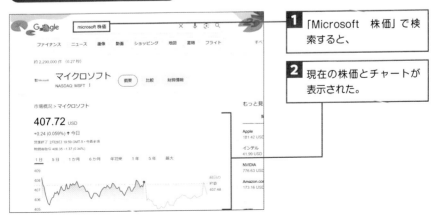

1 「Microsoft 株価」で検索すると、

2 現在の株価とチャートが表示された。

ブラウザ
04

お気に入りとピン留めを活用する

{ お気に入りバーを常に表示する }

　ブラウザを使いやすくするために、**お気に入りバーは必ず表示**しましょう。ここによくアクセスするWebサイトを登録すると、ワンクリックでアクセスできるようになります。登録するときは、**Webサイトの名前を短くする、アイコンだけでわかる場合は名前をつけない**、などお気に入りバーのスペースを節約することで、多くのWebサイトを並べることができます。

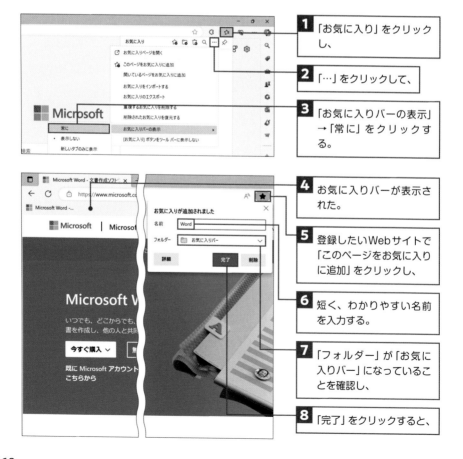

1 「お気に入り」をクリックし、

2 「…」をクリックして、

3 「お気に入りバーの表示」→「常に」をクリックする。

4 お気に入りバーが表示された。

5 登録したいWebサイトで「このページをお気に入りに追加」をクリックし、

6 短く、わかりやすい名前を入力する。

7 「フォルダー」が「お気に入りバー」になっていることを確認し、

8 「完了」をクリックすると、

9 お気に入りバーにWebサイトが登録される。

◆ お気に入りをフォルダーで整理する

Webサイトをたくさん登録した結果、お気に入りバーに収まらない場合は**フォルダーを作成して整理**しましょう。

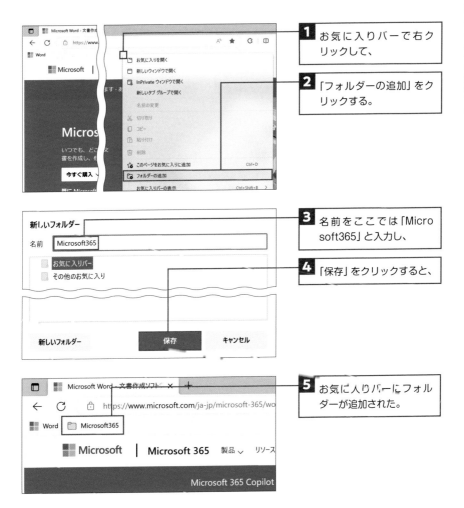

1 お気に入りバーで右クリックして、

2 「フォルダーの追加」をクリックする。

3 名前をここでは「Microsoft365」と入力し、

4 「保存」をクリックすると、

5 お気に入りバーにフォルダーが追加された。

{ お気に入りの編集と削除 }

お気に入りバーに登録したWebサイトは**ドラッグ操作で編集可能**です。ドラッグすることで表示の順番を入れ替えたり、フォルダーへドラッグしてフォルダー内へ移動したりできます。また右クリックのメニューから削除もできるので、すべてお気に入りバーの上で完結します。

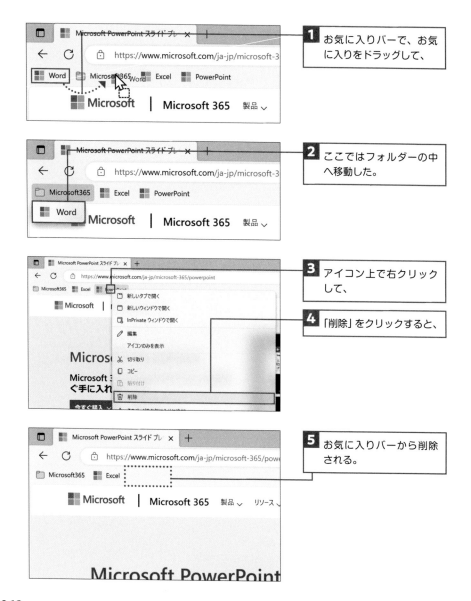

1 お気に入りバーで、お気に入りをドラッグして、

2 ここではフォルダーの中へ移動した。

3 アイコン上で右クリックして、

4 「削除」をクリックすると、

5 お気に入りバーから削除される。

〔 毎日開くサイトはタブにピン留め 〕

　毎日の業務で訪れるWebサイトは、お気に入り登録ではなく、ピン留めしておくと便利です。Edgeを起動すれば、**ピン留めしたWebサイトが同時に自動で開く**ようになります。ピン留めされたタブは最小幅になるので邪魔になりません。毎日の起動の手間をなくしましょう。

1 登録したいWebサイトを開き、タブ上で右クリックして、

2 「タブのピン留め」をクリックする。

3 タブが小さくなり、ピン留めされた。

やってみよう

4 Edgeを再起動してもピン留めされたWebサイトは表示される。

📝 **Memo**
ピン留めしたタブを右クリックして、「タブのピン留めを外す」をクリックすると解除できます。

EdgeのAIアシスタントを使う

Edgeには「Microsoft Copilot」というAIアシスタントが搭載されています。Copilot（コパイロット）とは「副操縦士」を意味し、私たちがWebで検索するときの手助けや、文章の下書き作成を代行してくれます。Edgeの画面右上にある「Copilot」アイコンからアクセスでき、たとえば以下のようなことが行えます。

● チャット形式で検索する

「Copilot」アイコン

「チャット」タブで、「人気のショートカットキーを3つ教えて」と入力した例。通常の検索ワードの入力とは違って対話形式で検索する。ここではショートカットキーが表示され、情報元のリンクと、次の質問の提案が表示された。

● 文章の下書きを作る

「作成」タブで、「お客様に送る商品購入のお礼メールを考えてほしい」と入力して下書きを作成した。最後は必ず自分の言葉で添削するひと手間が必要。

イベント企画などのアイデア出しにも使えますよ

4

Excel で
頼られる人になる

Excel とは?

「数字」を扱う表計算ソフト

Excelは多くの会社で使われているもっともメジャーな**表計算ソフト**です。会社では商品やサービスの管理、売上の計算などが必要ですよね。それらの数字を**「表」として見やすくまとめ、「計算」までしてくれる**のがExcelです。数字から「いま」を分析し、「これから」の予測や改善に役立てていくことができます。

Excelの面白いところは、ある人が1日かかる集計業務を、別の人はわずか数分で終わらせてしまう、という違いが出るところです。同じ業務で、これだけ作業時間に差が出るソフトは他にないでしょう。Excelを効率的に使うために、正しいExcelの知識を学んでいきましょう。

リス課長、
表にまとめて、
電卓で計算
しておきました〜

	上期	下期	合計
ペン	520	622	1,142
消しゴム	800	923	1,723
ノート	480	475	955

えぇっ！ネコミさん、
表は見やすいけど
関数で入力してみよう

支店	上半期	下半期	年間
札幌	3,788	2,980	6,768
東京	5,021	5,789	10,810
横浜	2,804	3,084	5,888
静岡	2,834	3,117	5,951
名古屋	3,923	3,315	7,238
大阪	3,938	4,331	8,269
京都	3,920	2,312	6,232
神戸	3,928	3,320	7,248
岡山	2,883	3,171	6,054
広島	2,832	3,115	5,947
福岡	3,829	2,212	6,041

表をつくって計算→可視化♪
効率のよい操作を学んで
いきましょう！

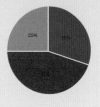

チームで使うときのマナー

　新入社員の頃は、イチから作表するよりも既存ファイルに入力・編集を行うことのほうが多いと思います。既存のファイルは、先輩たちが「効率化」のためにさまざまな工夫 (関数など、後述) を凝らしている場合があります。そこで間違えてデータを壊してしまうことは避けたいので、**業務に慣れないうちは必ず事前にファイルのコピーをとっておく**ことをおすすめします。何か起こったときにやり直せるので安心です。

　もしイチから作表する場合は、シンプルに作ることを心がけましょう。よく「前任者のファイルの中身がわからない」という悲劇がおこります。複雑に作り込まれたデータを、その場しのぎで理解するのは本当に困難です。シンプルでわかりやすい作表こそ、自分がいなくなった後もチームの生産性を落とさないために大切です。

● 工夫を凝らされたExcelファイル

商品名を入力すると単価が自動で表示されるようになっている

私にも作れるようになるかしら

◆ ファイルのコピーをとってから作業する

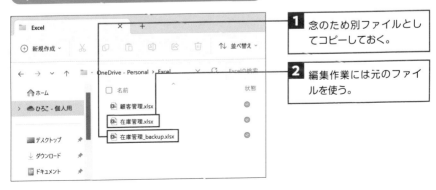

1 念のため別ファイルとしてコピーしておく。

2 編集作業には元のファイルを使う。

3つのキーワードで Excelを理解する

「セル」とは？

　Excelはすべてセルでできているといっても過言ではありません。そこでまずは、「セル」の仕組みをしっかりと理解しましょう。

　Excelではファイルのことを「ブック」といい、新しい「ブック」を開くと「シート」が表示されます。**「シート」には格子状のマス目があり、その一つひとつを「セル」**といいます。Excelではこのセルに数値や文字を入力することで作表をしていきます。また、選択しているセルのことを**「アクティブセル」**といい、A列目1行目のセルは「A1」というように**番地で管理**されています。

● ブック、シート、セル

ブック（＝ファイル）

シート

セル（アクティブセルには緑枠がつく）

● セル番地

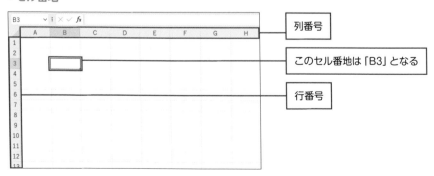

列番号

このセル番地は「B3」となる

行番号

セルには「中身」と「外身」がある

セルを理解するためのポイントは、セルは「中身」と「外身」の2つの情報を持っている、ということです。中身は、数値や文字列という単純な**「データ」情報**のことです。一方の外身は、フォントサイズや色や罫線など、**見た目に関わる「書式」情報**のことです。このデータと書式という2つの情報によって、1つのセルがどのように表示されるかが決まってきます。

Excelでは、コピー先の表の見た目が崩れてしまった……ということがよく起こりますが、これは「データ」も「書式」もコピーしてしまったことが原因です。**Excelではデータだけ、書式だけをコピーすることができます。**このことは、この先Excelを学んでいく上で非常に大切なことになります。

● セルA1の中身と外身

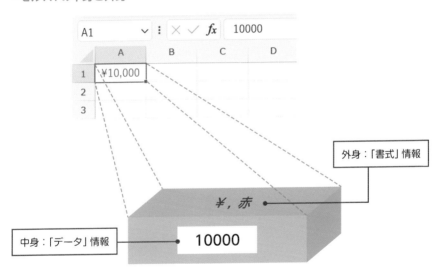

● セルの中身は数式バーで確認できる

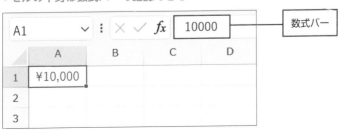

〔 「数式」とは？ 〕

　セルの「中身」には、「数式」を入れることもできます。数式には2つの特徴があります。1つ目は、**データが「＝」からはじまる**ことです。「＝」からはじまるデータをExcelは「数式」と認識します。2つ目は、**セル番地を使って計算（セル参照）する**ことです。たとえばA3に「＝A1+A2」と入力すると「A1とA2のセルの値を足した計算結果」を表示します。任意の数値ではなくセル番地を指定することで、参照先のセルのデータが変わっても自動的に再計算されるのが大きなメリットです。

　なお、数式では「四則演算」（＋，―，×，÷など）だけでなく**「関数」というしくみ**も使えます。関数はExcel独自の計算方法で、生年月日から年齢を求めたり、条件に合うデータだけ計算したりと、複雑な処理を簡単に行うことが可能です。上手に活用し、入力や集計の手間やミスをなくしていきましょう。

● 数式の仕組み

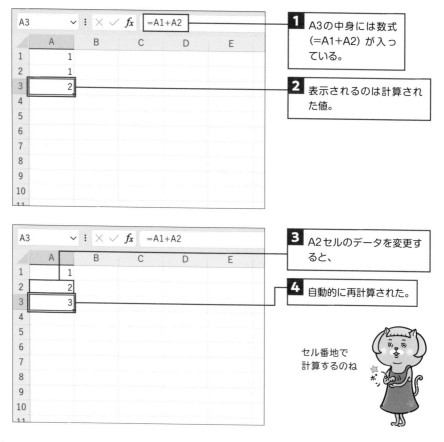

1 A3の中身には数式（=A1+A2）が入っている。

2 表示されるのは計算された値。

3 A2セルのデータを変更すると、

4 自動的に再計算された。

セル番地で計算するのね

「データベース」とは？

　データベースとは、**1行1件で構成される規則性のある表形式のデータの集まり**です。名簿をイメージしてみてください。名前、郵便番号、住所……と横方向に「見出し」が並んでいます。その見出しに沿って1人1行ずつのデータがまとめられたのが名簿なので、名簿はデータベースだといえます。

　Excelならデータベースを誰にでも簡単に作ることができます。そして、**データベースを作るとExcel活用の幅が大きく広がります**。名簿を名前順で並べ替えたり、住所が東京都の人だけを取り出したりと、大量のデータベースから魔法のように簡単に、必要な表を作ることだって可能になります。

● データベースの活用例

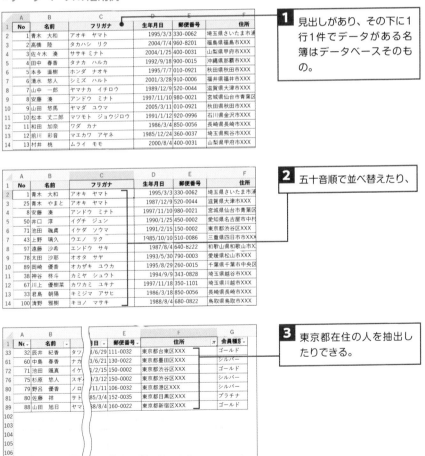

1 見出しがあり、その下に1行1件でデータがある名簿はデータベースそのもの。

2 五十音順で並べ替えたり、

3 東京都在住の人を抽出したりできる。

Excel 03 入力とコピーの基本

入力には Enter と Tab を使い分ける

まずは新規ファイルを開きましょう。任意のセルにデータを入力して Enter キーを押すと、データが確定されます。このとき、**アクティブセルが1つ下に移動**しますので、続けてデータ入力ができます。でも、**右方向へ入力したいとき**もありますよね。そんなときは、 Enter キーの代わりに Tab **キー**です。 Enter キーと Tab キーを使い分けると連続入力もスムーズになります。

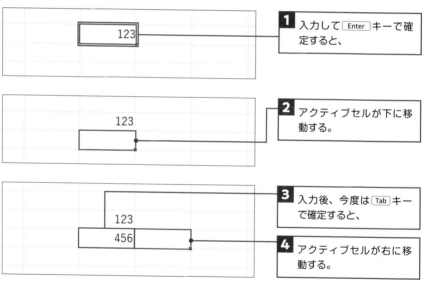

1 入力して Enter キーで確定すると、

2 アクティブセルが下に移動する。

3 入力後、今度は Tab キーで確定すると、

4 アクティブセルが右に移動する。

知っておきたい！

✔ セル内で改行する

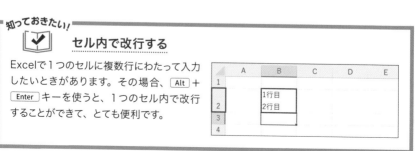

Excelで1つのセルに複数行にわたって入力したいときがあります。その場合、 Alt + Enter キーを使うと、1つのセル内で改行することができて、とても便利です。

オートフィルでコピー＆連番作成

Excelを使う上で欠かせない機能が**オートフィル**です。オートフィルを使うと、**セルを上下左右の方向へ簡単にコピー**することができます。たとえば「1」と入力されたセルがあるとします。セルの右下にマウスポインターを合わせると黒い十字の形に変わるので、そのまま下にドラッグすると「1」がたくさんコピーされます。

ただ、数値は連番で使うことが多いので、その場合は黒い十字の状態でドラッグした後、右下に表示される**「オートフィルオプション」**をクリックして、**「連続データ」**を選びます。または、Ctrl キーを押しながらオートフィルすれば最初から連番で入力できます。

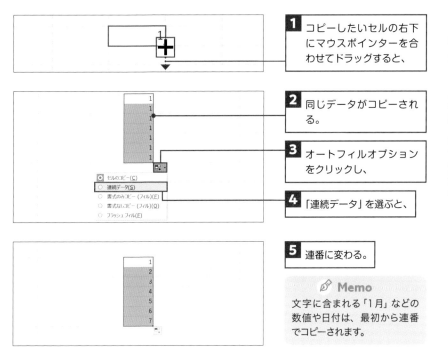

1 コピーしたいセルの右下にマウスポインターを合わせてドラッグすると、

2 同じデータがコピーされる。

3 オートフィルオプションをクリックし、

4 「連続データ」を選ぶと、

5 連番に変わる。

✐ Memo
文字に含まれる「1月」などの数値や日付は、最初から連番でコピーされます。

知っておきたい！

✔ 黒い十字の状態でダブルクリックすると？

大変便利なオートフィルですが、大きな表でオートフィルすると下方向にドラッグするのに時間がかかってしまいます。そんなときは、ドラッグの代わりにダブルクリックしてみてください。表の一番下まで自動でコピーしてくれます。左右のセルどちらかにデータがあることが前提ですが、これは本当に便利です。

{ セルをコピーする }

Excel以外でも使う頻度が高いコピーは、ショートカットキーがおすすめです。まずはコピーしたいセルを選択します。Ctrl + C でコピーし、貼り付けたい位置に Ctrl + V です。Excelの場合は、コピー元のセルに点線が表示されている間だけ、何度でも貼り付けができます。解除したいときは Esc キーを押しましょう。

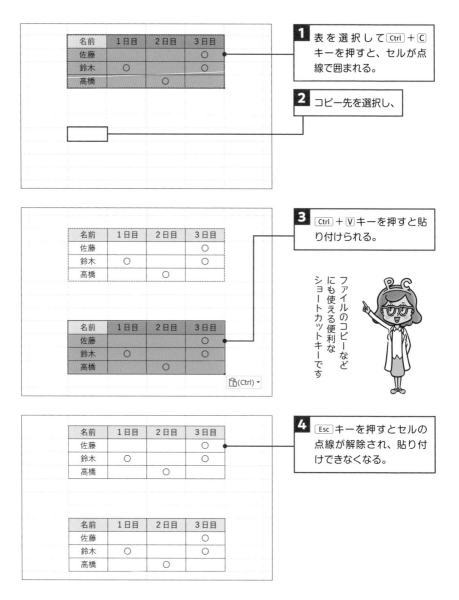

1 表を選択して Ctrl + C キーを押すと、セルが点線で囲まれる。

2 コピー先を選択し、

3 Ctrl + V キーを押すと貼り付けられる。

ファイルのコピーなどにも使える便利なショートカットキーです

4 Esc キーを押すとセルの点線が解除され、貼り付けできなくなる。

名前	1日目	2日目	3日目
佐藤			○
鈴木	○		○
高橋		○	

セルの値だけをコピーする

　セルは「中身」と「外身」の情報を持つことを先述しました。コピーしたあと、どちらの情報を貼り付けるか選ぶことができます。中身を貼り付ける**「値貼り付け」は、書式以外の、データや数式の結果だけを貼り付けます**。既存の表にデータをコピーしたけれど「罫線の種類が変わってしまった」、「フォントが変わってしまった」など困ったことが起こらないよう覚えておきましょう。

● 通常のコピーだと…？

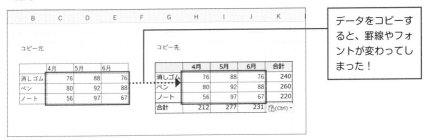

データをコピーすると、罫線やフォントが変わってしまった！

● 値貼り付けをする

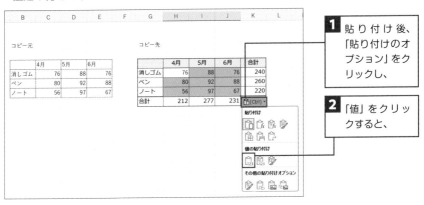

1 貼り付け後、「貼り付けのオプション」をクリックし、

2 「値」をクリックすると、

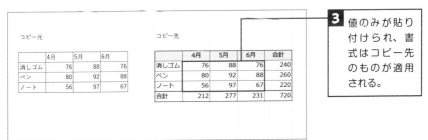

3 値のみが貼り付けられ、書式はコピー先のものが適用される。

編集の基本①
一部修正と置換

〔 一部修正にはF2キーを使う 〕

Excelで「入力したら終わり！」ということはなく、必ず編集（修正）が必要になる場面がやってきます。セルの編集方法は少し独特ですので、編集の基本を押さえておきましょう。

Excelでは、データが入っているセルを選択し、**そのまま入力すると元データが消えて上書き**されます。元のデータの一部だけを変更したい場合は、**セルを選択したあとで F2 キー**を押すようにします。すると、アクティブセルの中にカーソルが表示されて編集可能になります。

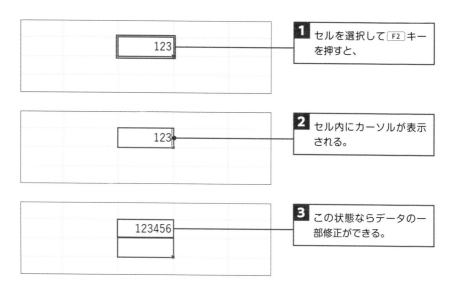

1 セルを選択して F2 キーを押すと、

2 セル内にカーソルが表示される。

3 この状態ならデータの一部修正ができる。

 知っておきたい！

☑ データの削除にはDeleteキーを使う

セルのデータを消去したいときは Delete キーを使います。 Back space キーを使う方もいますが、複数セルをまとめて消去できず、さらにセル内にカーソルが入って面倒なので Delete キーを使うのがおすすめです。

大量データも「置換」で一括変更

　置換機能を使うと、**シート内の特定の単語を別の単語にまとめて変更**することができます。たとえば「（株）」→「株式会社」に、「全角スペース」→「半角スペース」などに、繰り返し出てくる単語を一括で置換します。範囲選択すればその範囲内から、しなければシート全体から単語を探しだします。**Ctrl＋Hで開く置換の画面から、置換前と置換後の単語を入力**しましょう。置換後の単語を空欄にすれば、置換前の単語を一括削除することもできます。

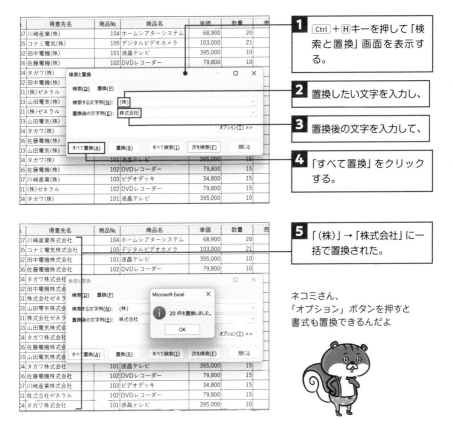

1 Ctrl＋Hキーを押して「検索と置換」画面を表示する。

2 置換したい文字を入力し、

3 置換後の文字を入力して、

4 「すべて置換」をクリックする。

5 「（株）」→「株式会社」に一括で置換された。

ネコミさん、
「オプション」ボタンを押すと
書式も置換できるんだよ

何てこと！

Excel 05 編集の基本② 行列の移動と挿入

{ セルや行、列を移動する }

セルや行列を移動する手順はコピーと似ていて、⌈Ctrl⌋＋⌈X⌋キーで切り取り、⌈Ctrl⌋＋⌈V⌋キーで貼り付けます。キーボードに「XCV」が並んでいるので覚えやすいですね。

ただし、移動先にデータがあるときは、貼り付けると上書きされてしまうので注意が必要です。**セル範囲の緑枠を⌈Shift⌋キーを押しながらドラッグ**すれば、上書きされずに移動できます。

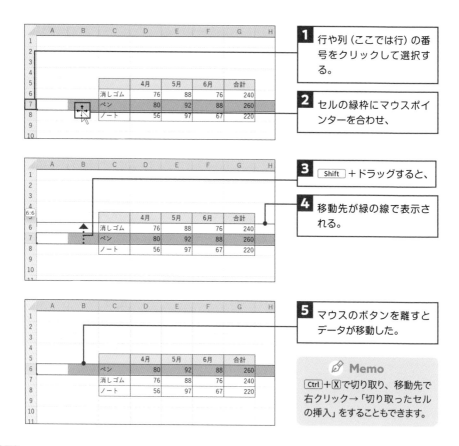

1 行や列（ここでは行）の番号をクリックして選択する。

2 セルの緑枠にマウスポインターを合わせ、

3 ⌈Shift⌋＋ドラッグすると、

4 移動先が緑の線で表示される。

5 マウスのボタンを離すとデータが移動した。

🖉 Memo

⌈Ctrl⌋＋⌈X⌋で切り取り、移動先で右クリック→「切り取ったセルの挿入」をすることもできます。

{ 行や列を挿入／削除する }

行か列をあとから挿入／削除するケースもあります。まずはそれぞれの番号の上で
クリックまたはドラッグして、範囲を選択します。次に**選択した部分を右クリッ
クして、「挿入」か「削除」をクリック**すると実行されます。

これらの操作を頻繁にするようでしたらショートカットキーが便利です。行や列を
選択したあとで、挿入なら[Ctrl]+[+]、**削除なら**[Ctrl]+[-]です。

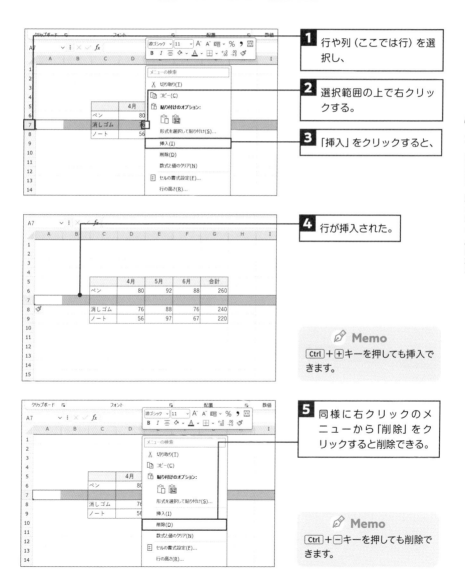

1 行や列（ここでは行）を選
択し、

2 選択範囲の上で右クリッ
クする。

3 「挿入」をクリックすると、

4 行が挿入された。

✍ Memo
[Ctrl]+[+]キーを押しても挿入で
きます。

5 同様に右クリックのメ
ニューから「削除」をク
リックすると削除できる。

✍ Memo
[Ctrl]+[-]キーを押しても削除で
きます。

079

編集をラクにする
セル移動&選択テクニック

{ 表の端までアクティブセルを移動する }

　大きな表の中で、先頭へ後尾へと自由自在に飛び回ることができると、Excelの作業はとてもはかどります。Ctrl＋**矢印キー**を押すと、**矢印の方向にある表の端までセルが移動**します。Excelは連続したデータが入っているセルの末尾を自動で検出します。

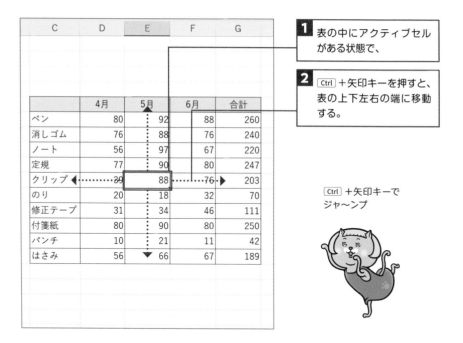

	4月	5月	6月	合計
ペン	80	92	88	260
消しゴム	76	88	76	240
ノート	56	97	67	220
定規	77	90	80	247
クリップ	39	88	76	203
のり	20	18	32	70
修正テープ	31	34	46	111
付箋紙	80	90	80	250
パンチ	10	21	11	42
はさみ	56	66	67	189

1 表の中にアクティブセルがある状態で、

2 Ctrl＋矢印キーを押すと、表の上下左右の端に移動する。

Ctrl＋矢印キーで
ジャ〜ンプ

知っておきたい！

共用ファイルはアクティブセルをA1に戻すと親切

他にも、セルA1に一気に移動する Ctrl ＋ Home キーがあります。共用ファイルの場合は、Excel終了時にアクティブセルをA1に戻して保存することで、次にファイルを開いた人が気持ちよく作業できます。

〔 表の端まで一気に選択 〕

　先述の Ctrl +矢印キーで表の端までセル移動することができました。さらに Shift キーを追加した Ctrl + Shift +矢印キーで、表の端まで一気にセル選択ができるようになります。

　 Shift +矢印キーは「選択する」というショートカットキーです。一気に選択したあと、さらに選択範囲を広げたり狭めたりすることもできます。

	4月	5月	6月	合計
ペン	80	92	88	260
消しゴム	76	88	76	240
ノート	56	97	67	220
定規	77	90	80	247
クリップ	39	88	76	203
のり	20	18	32	70
修正テープ	31	34	46	111
付箋紙	80	90	80	250
パンチ	10	21	11	42
はさみ	56	66	67	189

1 選択したい先頭のセルをクリックし、

2 Ctrl + Shift + ↓ キーを押す。

	4月	5月	6月	合計
ペン	80	92	88	260
消しゴム	76	88	76	240
ノート	56	97	67	220
定規	77	90	80	247
クリップ	39	88	76	203
のり	20	18	32	70
修正テープ	31	34	46	111
付箋紙	80	90	80	250
パンチ	10	21	11	42
はさみ	56	66	67	189

3 一気に範囲選択された。

4 Shift + → キーを押すと、

	4月	5月	6月	合計
ペン	80	92	88	260
消しゴム	76	88	76	240
ノート	56	97	67	220
定規	77	90	80	247
クリップ	39	88	76	203
のり	20	18	32	70
修正テープ	31	34	46	111
付箋紙	80	90	80	250
パンチ	10	21	11	42
はさみ	56	66	67	189

5 選択範囲が右に広がった。

Shift +矢印キーで選択ね

表全体を一気に選択

　大きな表を瞬時に選択できる、そんな便利なショートカットキーが Ctrl + A です。All（全体）の「A」と覚えやすく、表全体に罫線を引きたいときなどに便利です。また Ctrl + A を2回で、シート全体の選択もできます。マウス操作だとシートの左上をクリックでもできます。フォントの変更などまとめて設定したいときに役立ちます。

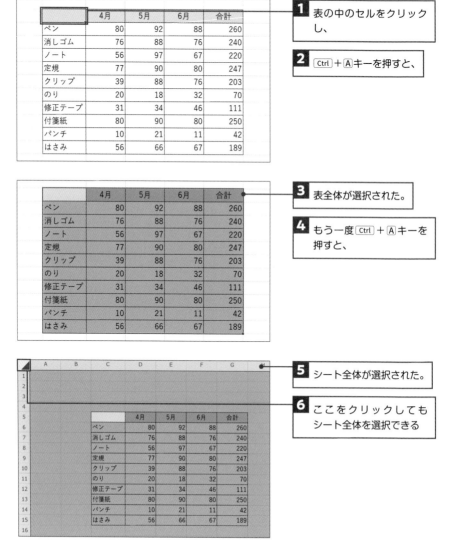

1 表の中のセルをクリックし、

2 Ctrl + A キーを押すと、

3 表全体が選択された。

4 もう一度 Ctrl + A キーを押すと、

5 シート全体が選択された。

6 ここをクリックしてもシート全体を選択できる

{ 離れたセルを複数選択 }

離れたセルを複数選択することで、コピーや塗りつぶしなどの設定を一度で済ますことができます。1つ目の範囲をクリックやドラッグで選択したら、続けて **Ctrl キーを押しながら選択**を続けます。解除したいときも同じ操作です。

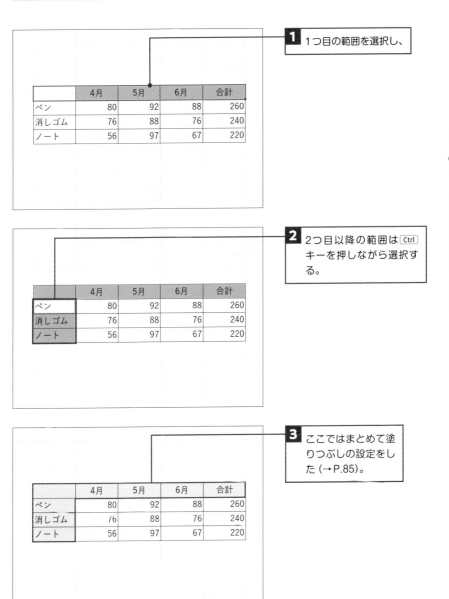

1 1つ目の範囲を選択し、

2 2つ目以降の範囲は Ctrl キーを押しながら選択する。

3 ここではまとめて塗りつぶしの設定をした（→P.85）。

Excel 07 表づくりの作法と、セルの書式設定

表づくりの作法

　大量のデータが蓄積された表は、先述のように簡単に抽出や集計に活用することができます。しかし、折角つくった表が活用できないという残念なケースもお見かけします。そうならないためにも、表づくりの基本的な作法について押さえておきましょう。以下に示したのは、**Excelをデータベースとして使うときにやってはいけないNG操作**です。**データは1セルに1つ、1行に1件を蓄積していくシンプルな構造**にすることが重要です。

　また**装飾のしすぎもNG**です。罫線は格子にする、見出しの塗りつぶしは薄い色にする、強調部分は太字にする、など書式を統一するルールを決めておくとムダな時間と労力をかけずに済みます。完成した表は、いつ誰が印刷してもキレイに仕上がるよう印刷設定（→P.120〜123）まで済ませておきましょう。

●データベースとしてNGな表（上）とOKな表（下）

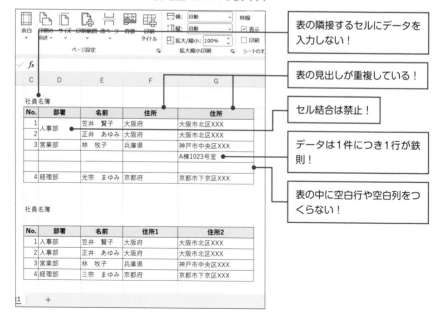

表の隣接するセルにデータを入力しない！

表の見出しが重複している！

セル結合は禁止！

データは1件につき1行が鉄則！

表の中に空白行や空白列をつくらない！

社員名簿

No.	部署	名前	住所	住所
1	人事部	笠井　賢子	大阪府	大阪市北区XXX
2		正井　あゆみ	大阪府	大阪市北区XXX
3	営業部	林　牧子	兵庫県	神戸市中央区XXX
				A棟1023号室
4	経理部	光宗　まゆみ	京都府	京都市下京区XXX

社員名簿

No.	部署	名前	住所1	住所2
1	人事部	笠井　賢子	大阪府	大阪市北区XXX
2	人事部	正井　あゆみ	大阪府	大阪市北区XXX
3	営業部	林　牧子	兵庫県	神戸市中央区XXX
4	経理部	三宗　まゆみ	京都府	京都市下京区XXX

〔 セルの書式設定 〕

　セルの書式設定では、罫線や塗りつぶしなどセルの外身を設定します。理解しやすい表にするポイントは、**「同じ意味を持つデータに同じ書式を設定すること」**です。さらには、数値には3桁ごとにカンマをつけたり、小数点の桁揃えをしたりすることで見やすくなります。

　設定には**[ホーム] タブのボタン**が便利です。「セルの書式設定」画面を開くと、さらに細かく指定できます。たとえば日付の場合だと「月／日」や「和暦」などの表示形式も選べます。

◆ 罫線／背景色／文字揃えを設定する

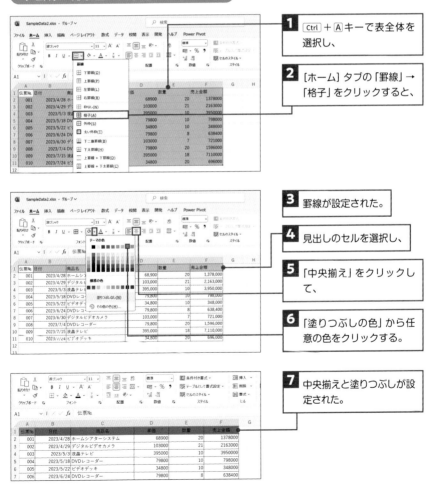

1 Ctrl + A キーで表全体を選択し、

2 [ホーム] タブの「罫線」→「格子」をクリックすると、

3 罫線が設定された。

4 見出しのセルを選択し、

5 「中央揃え」をクリックして、

6 「塗りつぶしの色」から任意の色をクリックする。

7 中央揃えと塗りつぶしが設定された。

◆ 文字に色をつける／太字にする

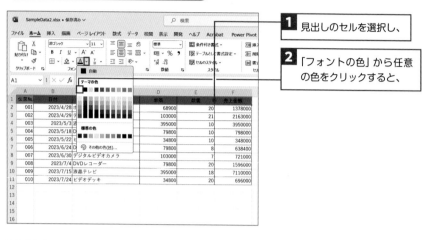

1 見出しのセルを選択し、

2 「フォントの色」から任意の色をクリックすると、

3 文字色が変更された。

4 さらに「太字」をクリックする。

背景が暗いと白い
文字が見やすい〜

5 文字が太字になった。

太字でさらに
読みやすい

◆ 数値に桁区切りを設定する

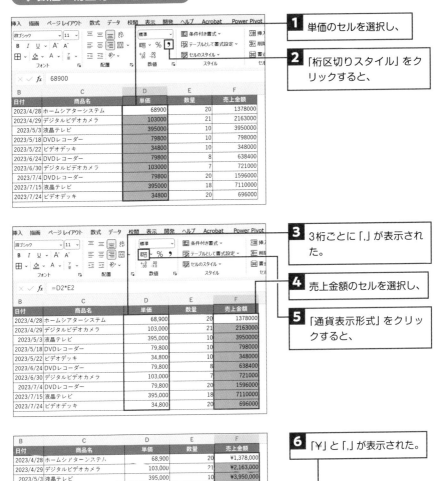

1 単価のセルを選択し、

2 「桁区切りスタイル」をクリックすると、

3 3桁ごとに「,」が表示された。

4 売上金額のセルを選択し、

5 「通貨表示形式」をクリックすると、

6 「¥」と「,」が表示された。

 知っておきたい!

数値の表示形式

数値の表示形式では、ほかにも「%」や「小数点以下の表示桁数」がクリック一つで操作できます。さらに細かい設定は、次ページの「セルの書式の設定」から行いましょう。また、表示形式を解除するには「数値の書式」プルダウンメニューから「標準」を選びます。

◆ 日付の表示形式を変更する

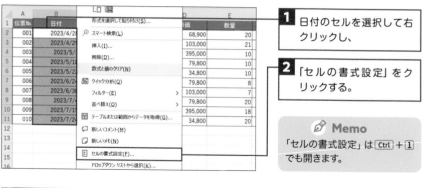

1 日付のセルを選択して右クリックし、

2 「セルの書式設定」をクリックする。

✎ **Memo**

「セルの書式設定」は Ctrl + 1 でも開きます。

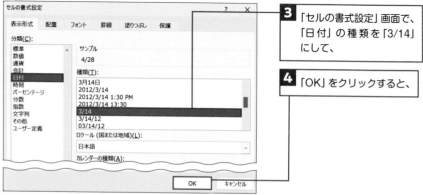

3 「セルの書式設定」画面で、「日付」の種類を「3/14」にして、

4 「OK」をクリックすると、

	A	B	C	D	E
1	伝票No.	日付	商品名	単価	数量
2	001	4/28	ホームシアターシステム	68,900	20
3	002	4/29	デジタルビデオカメラ	103,000	21
4	003	5/3	液晶テレビ	395,000	10
5	004	5/18	DVDレコーダー	79,800	10
6	005	5/22	ビデオデッキ	34,800	10
7	006	6/24	DVDレコーダー	79,800	8
8	007	6/30	デジタルビデオカメラ	103,000	7
9	008	7/4	DVDレコーダー	79,800	20
10	009	7/15	液晶テレビ	395,000	18
11	010	7/24	ビデオデッキ	34,800	20

5 日付の表示形式が変更された。

知っておきたい!

Excelの日付の管理方法

セルに「2024/1/1」と入力すると「1月1日」と自動で日付の書式が設定されます。この書式を解除すると「45292」という数字になります。これはExcelが「1900/1/1」を「1」として、日付をシリアル値（連番）で管理しているためです。まれに他のデータから日付がシリアル値で取り込まれてしまうことがありますが、日付の書式設定をすれば元に戻ります。

〔 行高と列幅を整える 〕

　行高と列幅の変更にはマウス操作が便利です。ここでは列幅を変更してみましょう。まず、列番号の境界線にマウスポインターを合わせ、**形状が変わったら左右どちらかにドラッグする**のが基本です。複数列を選択するとまとめて同じ列幅に変更できるほか、ドラッグの代わりに**ダブルクリック**をすると一番長いデータに合わせて自動調整されます。

◆ 列を同じ幅で広げる

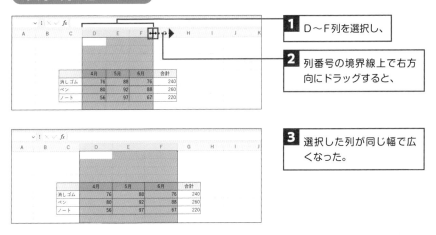

1 D〜F列を選択し、

2 列番号の境界線上で右方向にドラッグすると、

3 選択した列が同じ幅で広くなった。

◆ 列幅を文字量にあわせて自動調整する

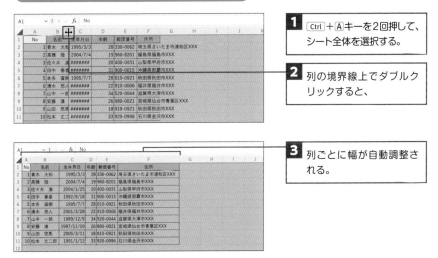

1 Ctrl + A キーを2回押して、シート全体を選択する。

2 列の境界線上でダブルクリックすると、

3 列ごとに幅が自動調整される。

シートの編集操作

シートの追加と削除

Excelでは新しいシートを追加することで、**1つのファイルで複数のシートが使える**ようになります。たとえば、年度別の売上管理データを月ごとにシートで分けて管理することができます。シートを追加するには、シート名の右側にある「+」をクリックします。不要なシートはシート名の上で右クリックしてメニューから「削除」を選びますが、削除の操作は元に戻すことはできませんので十分注意しましょう。

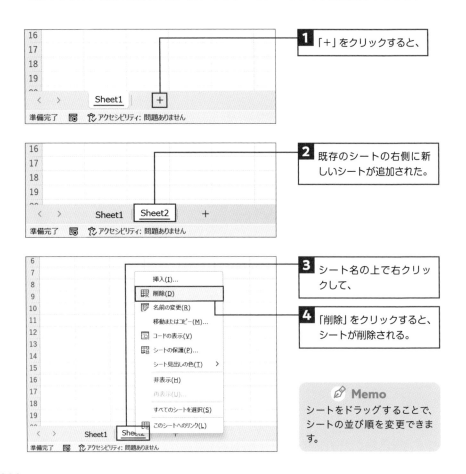

1 「+」をクリックすると、

2 既存のシートの右側に新しいシートが追加された。

3 シート名の上で右クリックして、

4 「削除」をクリックすると、シートが削除される。

> 🖋 **Memo**
> シートをドラッグすることで、シートの並び順を変更できます。

既存のシートをコピーする

同じフォーマットの表を作りたいときはシートのコピーが便利です。たとえば、1枚の売上シートを12カ月分まで増やすといった作業が簡単にできるようになります。

操作は **Ctrl キーを押しながらシートをコピーしたい位置にドラッグ**するだけです。右クリックのメニューからも操作できますが、慣れるとこちらの方がスムーズです。

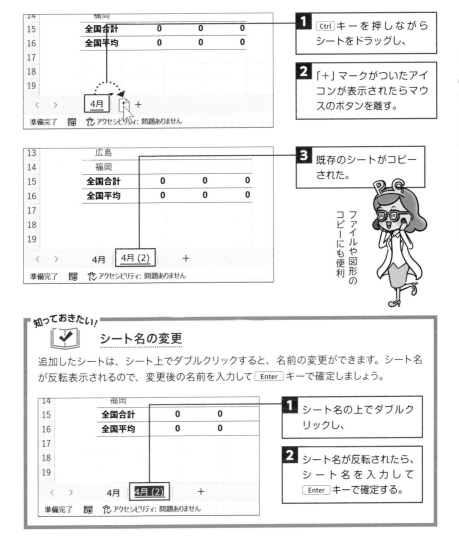

1 Ctrl キーを押しながらシートをドラッグし、

2 「+」マークがついたアイコンが表示されたらマウスのボタンを離す。

3 既存のシートがコピーされた。

ファイルや図形のコピーにも便利

知っておきたい！

✔ シート名の変更

追加したシートは、シート上でダブルクリックすると、名前の変更ができます。シート名が反転表示されるので、変更後の名前を入力して Enter キーで確定しましょう。

1 シート名の上でダブルクリックし、

2 シート名が反転されたら、シート名を入力して Enter キーで確定する。

複数のシートを一括で編集する

複数のシートを同じフォーマットで管理している場合は、**複数のシートを一括で編集できるテクニック**があります。たとえば5つのシートを選択しておけば、表の見出しの色を変更したときに、その変更が選択されたすべてのシートの見出しに反映されます。

◆ 複数のシートを選択する

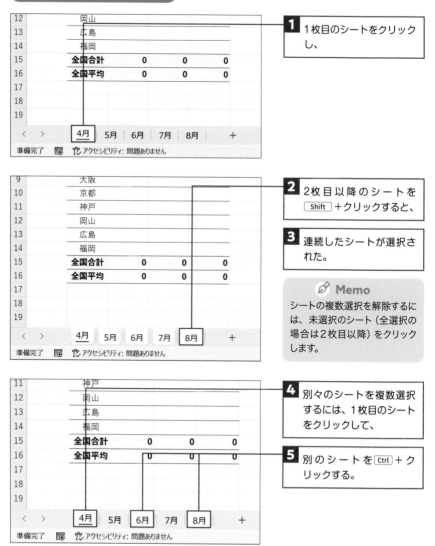

1 1枚目のシートをクリックし、

2 2枚目以降のシートを Shift ＋クリックすると、

3 連続したシートが選択された。

✐ Memo
シートの複数選択を解除するには、未選択のシート（全選択の場合は2枚目以降）をクリックします。

4 別々のシートを複数選択するには、1枚目のシートをクリックして、

5 別のシートを Ctrl ＋クリックする。

◆ 選択した複数のシートを編集する

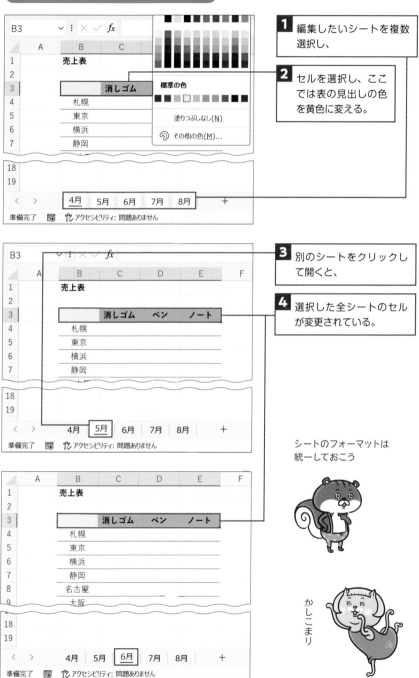

1 編集したいシートを複数選択し、

2 セルを選択し、ここでは表の見出しの色を黄色に変える。

3 別のシートをクリックして開くと、

4 選択した全シートのセルが変更されている。

シートのフォーマットは統一しておこう

かしこまり

093

数式の基本

{　「＋－×÷」数式の作り方　}

　最初に半角で「＝」と入力すると、Excelは「今から数式がつくられる」と認識します。次にマウスでクリックすると、そのセルの番地が自動入力されます。

　通常、計算には「＋」「－」「×」「÷」などの記号を使いますが、キーボードにない「×」は「＊（アスタリスク）」で、「÷」は「／（スラッシュ）」で代用します。**いずれも半角で入力する**ことに注意しましょう。

●四則演算の記号

・足し算：＋

・引き算：-

・掛け算：＊

・割り算：／

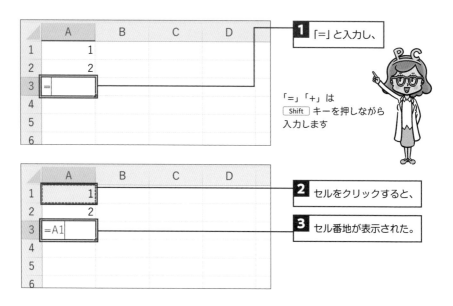

1 「＝」と入力し、

「＝」「＋」は
Shift キーを押しながら
入力します

2 セルをクリックすると、

3 セル番地が表示された。

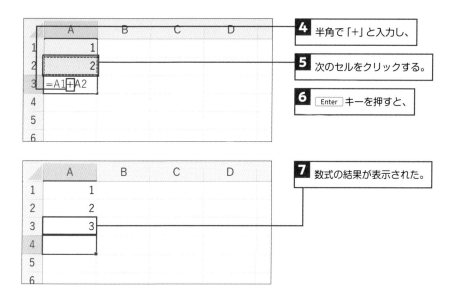

4 半角で「+」と入力し、

5 次のセルをクリックする。

6 Enter キーを押すと、

7 数式の結果が表示された。

数式を編集する方法

数式が完成するとセルには答えが表示され、数式は数式バーに表示されます。数式バーをクリックするか、数式を入力したセルで F2 キーを押すかダブルクリックすると、数式を編集できるようになります。

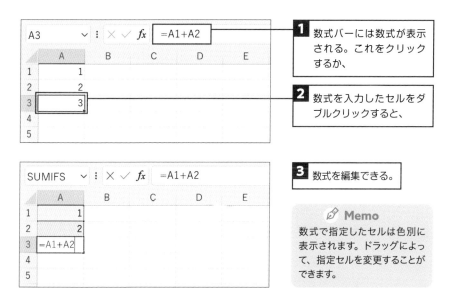

1 数式バーには数式が表示される。これをクリックするか、

2 数式を入力したセルをダブルクリックすると、

3 数式を編集できる。

🔗 Memo

数式で指定したセルは色別に表示されます。ドラッグによって、指定セルを変更することができます。

［ 相対参照と絶対参照のしくみ ］

数式はオートフィルでコピーして使うことが多いです。通常、数式「=A1」を1つ下のセルにコピーすると、**参照するセルも1つ下になり**自動で「=A2」に変わります。このしくみを「相対参照」といいます。一方、**参照するセルを変えたくない場合にセルを固定**することもできます。これを「絶対参照」といい、数式「=A1」を絶対参照にすると「=$A$1」となり、「$」マークがA列と1行目を固定します。

●相対参照

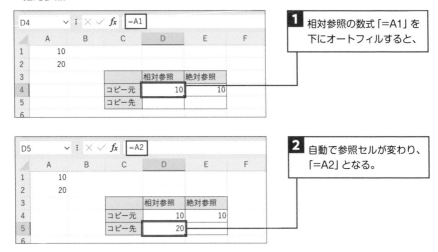

1 相対参照の数式「=A1」を下にオートフィルすると、

2 自動で参照セルが変わり、「=A2」となる。

●絶対参照

1 絶対参照の数式「=$A$1」を下にオートフィルすると、

2 「=$A$1」となって参照セルは変わらない。

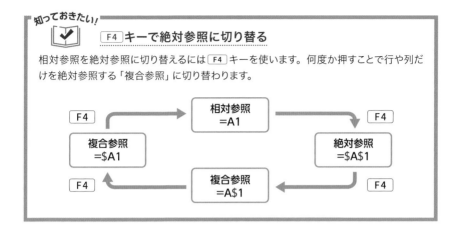

知っておきたい！

✓ **F4 キーで絶対参照に切り替える**

相対参照を絶対参照に切り替えるには F4 キーを使います。何度か押すことで行や列だけを絶対参照する「複合参照」に切り替わります。

絶対参照を使って構成比を求める

絶対参照はセルをコピーしても参照セルを変えたくない場合、たとえば構成比を求めるときなどに使います。構成比を求める数式は「合計÷全体の合計」なので、「全体の合計」を絶対参照にする必要があります。

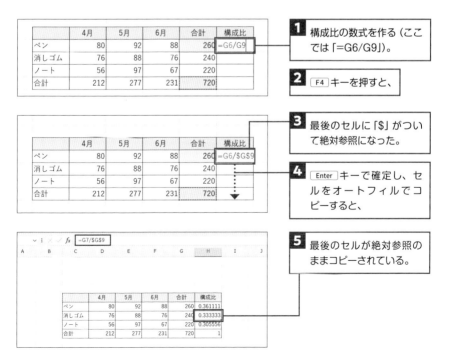

	4月	5月	6月	合計	構成比
ペン	80	92	88	260	=G6/G9
消しゴム	76	88	76	240	
ノート	56	97	67	220	
合計	212	277	231	720	

1 構成比の数式を作る（ここでは「=G6/G9」）。

2 F4 キーを押すと、

	4月	5月	6月	合計	構成比
ペン	80	92	88	260	=G6/$G$9
消しゴム	76	88	76	240	
ノート	56	97	67	220	
合計	212	277	231	720	

3 最後のセルに「$」がついて絶対参照になった。

4 Enter キーで確定し、セルをオートフィルでコピーすると、

fx =G7/$G$9

	4月	5月	6月	合計	構成比
ペン	80	92	88	260	0.361111
消しゴム	76	88	76	240	0.333333
ノート	56	97	67	220	0.305556
合計	212	277	231	720	1

5 最後のセルが絶対参照のままコピーされている。

関数の基本

〔 関数の使い方 〕

　関数は Excel 独自の計算方法で、複雑な計算を簡単に行うことができます。数式の一種ですのではじめに「=」を入力するところは同じですが、そのあとに**関数名、そして引数を指定する**のが基本的な関数の使い方です。関数がほしい情報（引数）を、ほしい順番に指示することが重要です。

　基本の関数には、合計を求める SUM 関数、平均を求める AVERAGE 関数、数値の個数を数える COUNT 関数などがあります。順番に見ていきましょう。

● **関数と引数**

＝関数名 (引数1,引数2…)

・**関数名**：SUM や AVERAGE など関数の名前
・**引数1**、**引数2**：関数がほしい情報

〔 合計を求める SUM 関数 〕

　まずは SUM 関数を作ってみましょう。「=SUM」と入力すると SUM 関数が青く反転し、Tab キーを押すと最初の「(」まで入ります。引数のガイドが表示され、Excel はほしい情報「数値1」を太字にしますので、**合計したい範囲を指示**しましょう。最後の「)」は省略できるので、Enter キーで確定します。

● **SUM 関数のつくり**

=SUM(数値1, 数値2,…)

・**数値1**：計算対象のセルを「セル番地：セル番地」で指定。「：」は「〜」の意味。
・**数値2**：省略可。離れたセルも複数指定できる。

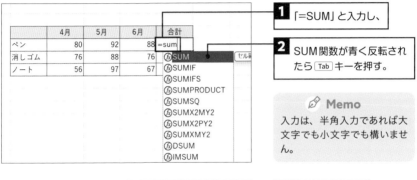

1 「=SUM」と入力し、

2 SUM関数が青く反転されたら[Tab]キーを押す。

✐ **Memo**

入力は、半角入力であれば大文字でも小文字でも構いません。

3 「(」が入るので、

4 合計したい範囲をドラッグして、[Enter]キーを押す。

5 指定したセルの合計が表示される。

	4月	5月	6月	合計
ペン	80	92	88	260
消しゴム	76	88	76	
ノート	56	97	67	

基本の関数は「Σ」ボタンからも作れる

SUM関数は、[ホーム]タブの「Σ」ボタンをクリックすると自動で入力されます。合計の対象範囲が点線で表示されるので（違う場合はドラッグで変更）、[Enter]キーで確定します。また、「Σ」ボタンの右側にある小さなボタンをクリックすると、AVERAGE関数やCOUNT関数などの数式を作ることもできます。

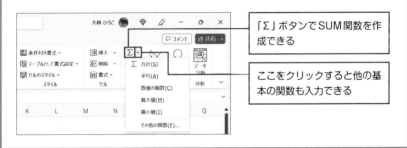

「Σ」ボタンでSUM関数を作成できる

ここをクリックすると他の基本の関数も入力できる

{ 通し番号が崩れないROW関数 }

データに通し番号をつけて管理すると、表に追加や削除があった場合に番号の振り直しが必要です。この手間はROW関数を使うことで解消されます。**ROW関数はセルの行番号を表示する**もので、引数を省略すると現在の行番号を表示します。あとは先頭セルが1になるよう引き算すればいいですね。これで行を削除しても通し番号が崩れなくなります。

● ROW関数のつくり

=ROW(参照)

・**参照**：対象のセルを指定。省略すると現在の行数を表示する。

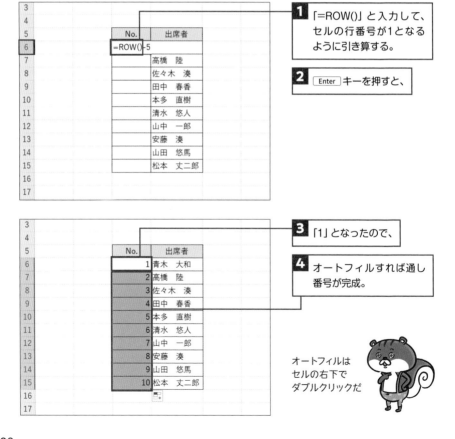

1 「=ROW()」と入力して、セルの行番号が1となるように引き算する。

2 Enter キーを押すと、

3 「1」となったので、

4 オートフィルすれば通し番号が完成。

オートフィルは
セルの右下で
ダブルクリックだ

四捨五入など数値処理するROUND関数

平均や構成比を求めたときの割り切れない数値は、ROUND関数を使うと**指示した桁数で四捨五入**できます。ここでは数値「54.321」を小数第一位に四捨五入します。

● ROUND関数のつくり

=ROUND(数値, 桁数)

・**数値**：対象のセルを指定。
・**桁数**：下表参照。

● 「54.321」を数値処理した結果

桁数	2	1	0	-1	-2
対象桁	小数第二位	小数第一位	一の位	十の位	百の位
結果	54.32	54.3	54	50	100

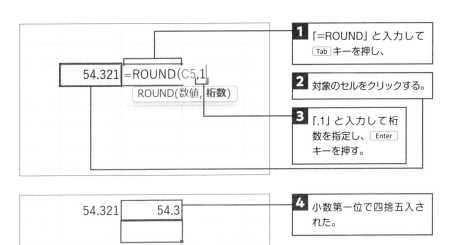

1 「=ROUND」と入力して Tab キーを押し、

2 対象のセルをクリックする。

3 「,1」と入力して桁数を指定し、Enter キーを押す。

4 小数第一位で四捨五入された。

知っておきたい！

 「切り捨て」と「切り上げ」の関数

数値の切り捨てにはROUNDDOWN関数、切り上げにはROUNDUP関数を使います。関数のつくりはROUND関数と一緒なので、状況に応じて使い分けましょう。

第4章 Excelで頼られる人になる

条件に応じた結果を返すIF関数

IF関数は、とても重要な関数の1つです。「もし○○だったら△△、そうでなかったら××」というように、**条件に応じて異なる結果を返します**。たとえば「もし在庫数が3個以下だったら『補充』と表示、そうでなかったら『空白』と表示」といった数式を作ることができます。

また数式の大事なルールとして、**数式の中で文字列を使う場合は「"」(ダブルクォーテーション)で前後を囲む**必要があります。数値の場合は「"」は不要です。

● IF関数のつくり

=IF(論理式, 真の場合, 偽の場合)

・**論理式**：条件の式。下表参照。
・**真の場合**：論理式が「Yes」のとき何を表示したいか。
・**偽の場合**：論理式が「No」のとき何を表示したいか。

● 論理式に使う比較演算子

= ：等しい
\> ：より大きい
\>= ：以上
\< ：より小さい
<= ：以下
<\> ：一致しない

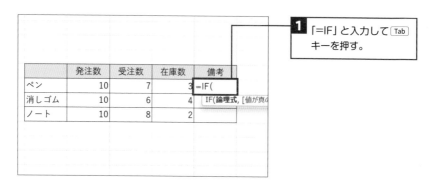

1 「=IF」と入力して Tab キーを押す。

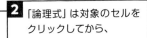

2 「論理式」は対象のセルを
クリックしてから、

3 「3以下」の意味となる
「<=3,」と入力する。

	発注数	受注数	在庫数	備考
ペン	10	7	3	=IF(F6<=3,
消しゴム	10	6	4	IF(論理式, [値が真
ノート	10	8	2	

在庫が3以下で〜

4 「値が真の場合」として
「"補充",」と入力する。

5 「値が偽の場合」として
「"")」と入力する。

	発注数	受注数	在庫数	備考
ペン	10	7	3	=IF(F6<=3,"補充","")
消しゴム	10	6	4	
ノート	10	8	2	

3以下なら「補充」に
そうでないなら「空白」に〜

📎 **Memo**

「""」は空白、何も表示しないと
いう意味です。

6 Enter キーを押すと、

7 結果が表示されるので、
オートフィルでほかのセ
ルにコピーして使用する。

	発注数	受注数	在庫数	備考
ペン	10	7	3	補充
消しゴム	10	6	4	
ノート	10	8	2	

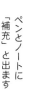

ペンとノートに
「補充」と出ます

条件に合うデータを数える COUNTIFS 関数

COUNTIFS 関数は、大量のデータからすばやく**条件に合うデータをカウント**します。たとえば顧客管理の検索条件を指定すれば「会員種別ごとの人数」や「20代の人数」など、目的のデータの個数を瞬時に表示します。

● COUNTIFS 関数のつくり

=COUNTIFS(検索条件範囲1,検索条件1,検索条件範囲2,検索条件2…)

・**検索条件範囲**：数えたいセル範囲を「セル番地：セル番地」で指定。
・**検索条件**：検索したい条件。範囲と条件は127組まで指定できる。

◆ 会員種別が「ゴールド」の人数をカウントする

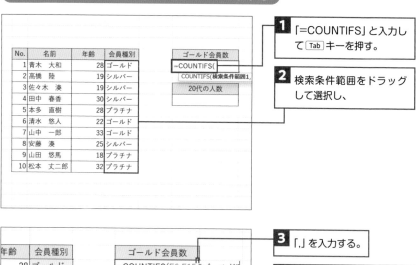

1 「=COUNTIFS」と入力して Tab キーを押す。

2 検索条件範囲をドラッグして選択し、

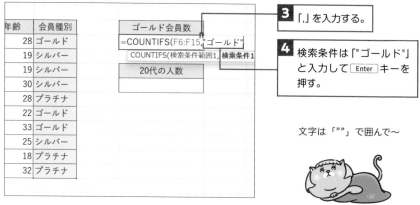

3 「,」を入力する。

4 検索条件は「"ゴールド"」と入力して Enter キーを押す。

文字は「""」で囲んで～

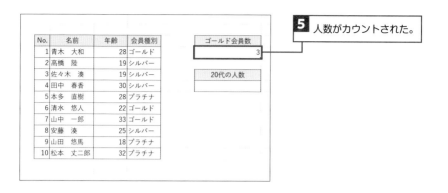

5 人数がカウントされた。

No.	名前	年齢	会員種別
1	青木 大和	28	ゴールド
2	高橋 陸	19	シルバー
3	佐々木 湊	19	シルバー
4	田中 春香	30	シルバー
5	本多 直樹	28	プラチナ
6	清水 悠人	22	ゴールド
7	山中 一郎	33	ゴールド
8	安藤 湊	25	シルバー
9	山田 悠馬	18	プラチナ
10	松本 丈二郎	32	プラチナ

ゴールド会員数　3

20代の人数

◆ 年齢が「20代」の人数をカウントする

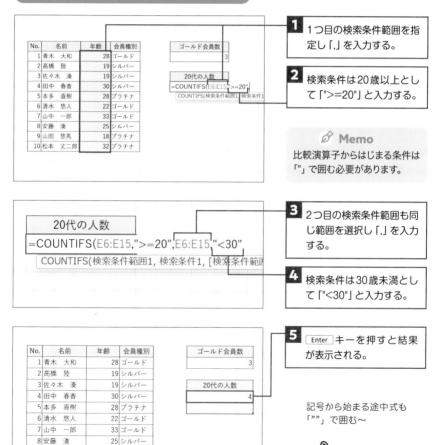

1 1つ目の検索条件範囲を指定し「,」を入力する。

2 検索条件は20歳以上として「">=20"」と入力する。

✎ Memo

比較演算子からはじまる条件は「"」で囲む必要があります。

```
20代の人数
=COUNTIFS(E6:E15,">=20",E6:E15,"<30"
  COUNTIFS(検索条件範囲1, 検索条件1, [検索条件範囲
```

3 2つ目の検索条件範囲も同じ範囲を選択し「,」を入力する。

4 検索条件は30歳未満として「"<30"」と入力する。

No.	名前	年齢	会員種別
1	青木 大和	28	ゴールド
2	高橋 陸	19	シルバー
3	佐々木 湊	19	シルバー
4	田中 春香	30	シルバー
5	本多 直樹	28	プラチナ
6	清水 悠人	22	ゴールド
7	山中 一郎	33	ゴールド
8	安藤 湊	25	シルバー
9	山田 悠馬	18	プラチナ
10	松本 丈二郎	32	プラチナ

ゴールド会員数　3

20代の人数　4

5 Enter キーを押すと結果が表示される。

記号から始まる途中式も「""」で囲む〜

105

{ 年齢や勤続年数を求める DATEDIF 関数 }

年齢や勤続年数を求めるには、**DATEDIF関数**を使います。この関数は隠れ関数といわれ、関数名や引数のガイドが表示されません。しかしとても役立つ関数です。

ここでは名簿の年齢を求めるために、**今日の日付を求めるTODAY関数**と組み合わせて使います。複数の関数を組合せることをネストといい、複雑な処理を簡単に実現してくれます。難易度があがりますが、一つずつ理解しながら進めていきましょう。

● DATEDIF 関数のつくり

=DATEDIF(開始日,終了日,単位)

・**開始日**：「いつから」を指定。
・**終了日**：「いつまで」を指定。
・**単位**：年数は「"Y"」月数は「"M"」を指定。

● TODAY 関数のつくり

= TODAY()

・引数は不要。

1 「=DATEDIF(」と入力し、

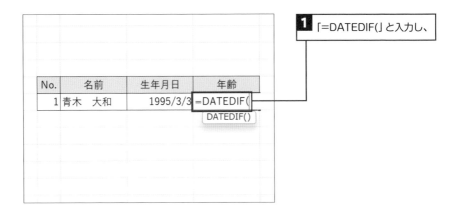

No.	名前	生年月日	年齢
1	青木　大和	1995/3/3	=DATEDIF(

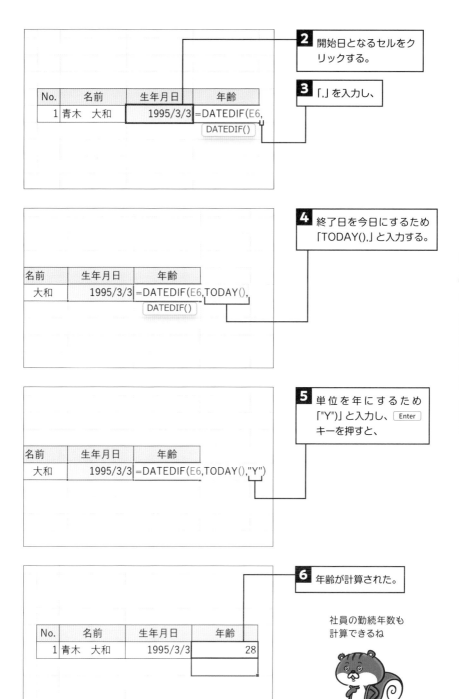

2 開始日となるセルをクリックする。

3 「,」を入力し、

No.	名前	生年月日	年齢
1	青木　大和	1995/3/3	=DATEDIF(E6,

DATEDIF()

4 終了日を今日にするため「TODAY(),」と入力する。

名前	生年月日	年齢
大和	1995/3/3	=DATEDIF(E6,TODAY(),

DATEDIF()

5 単位を年にするため「"Y")」と入力し、Enter キーを押すと、

名前	生年月日	年齢
大和	1995/3/3	=DATEDIF(E6,TODAY(),"Y")

6 年齢が計算された。

No.	名前	生年月日	年齢
1	青木　大和	1995/3/3	28

社員の勤続年数も
計算できるね

必要なデータを取り出すVLOOKUP関数

たとえば「名簿から名前を探して郵便番号や住所を取り出す」場合など、**別の表から必要な情報を取り出したいときはVLOOKUP関数**を使います。縦方向にキーとなるセルを探し、その行の右側にある情報を取得できます。転記の手間やミスがなくなり、広く活用されている関数です。

● VLOOKUP関数のつくり

=VLOOKUP(検索値,範囲,列番号,検索方法)

・**検索値**:探すときのキーとなるセル。
・**範囲**:抽出したいデータがある表。
・**列番号**:「範囲」の左から何列目の情報がほしいか。
・**検索方法**:完全一致 (FALSE/0) か近似一致 (TRUE/1)。

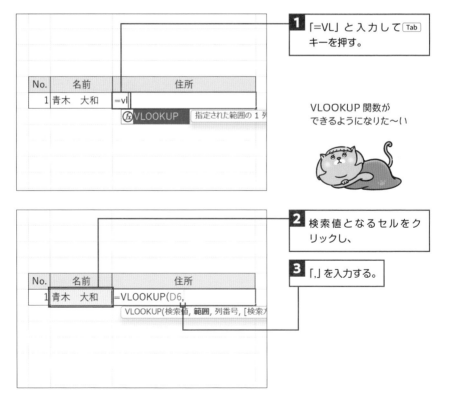

1 「=VL」と入力してTab キーを押す。

VLOOKUP関数が
できるようになりた〜い

2 検索値となるセルをクリックし、

3 「,」を入力する。

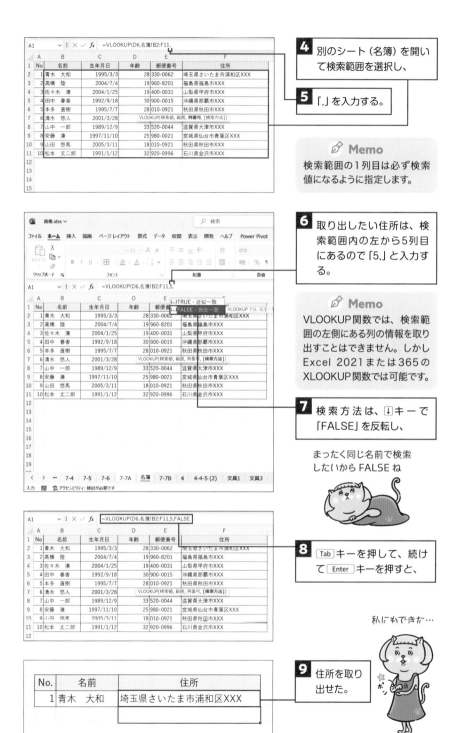

4 別のシート（名簿）を開いて検索範囲を選択し、

5 「,」を入力する。

✎ **Memo**
検索範囲の1列目は必ず検索値になるように指定します。

6 取り出したい住所は、検索範囲内の左から5列目にあるので「5,」と入力する。

✎ **Memo**
VLOOKUP関数では、検索範囲の左側にある列の情報を取り出すことはできません。しかしExcel 2021または365のXLOOKUP関数では可能です。

7 検索方法は、↓キーで「FALSE」を反転し、

まったく同じ名前で検索したいから FALSE ね

8 Tab キーを押して、続けて Enter キーを押すと、

私にもできた…

9 住所を取り出せた。

109

VLOOKUP関数を使う場合は、検索値（名簿の名前にあたるセル）が未入力だとエラーになるため、IFERROR関数とネストしたエラー処理が必要です。

● IFERROR関数のつくり

=IFERROR(値,エラーの場合の値)

・**値**：エラー処理したい数式。

・**エラーの場合の値**：エラーの場合どう表示するか（「""」で空白）。

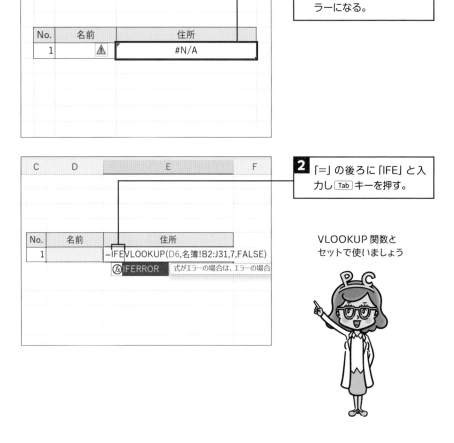

1 VLOOKUP関数を使った場合、検索値の名前が未入力だと、このようにエラーになる。

2 「=」の後ろに「IFE」と入力し Tab キーを押す。

VLOOKUP関数と
セットで使いましょう

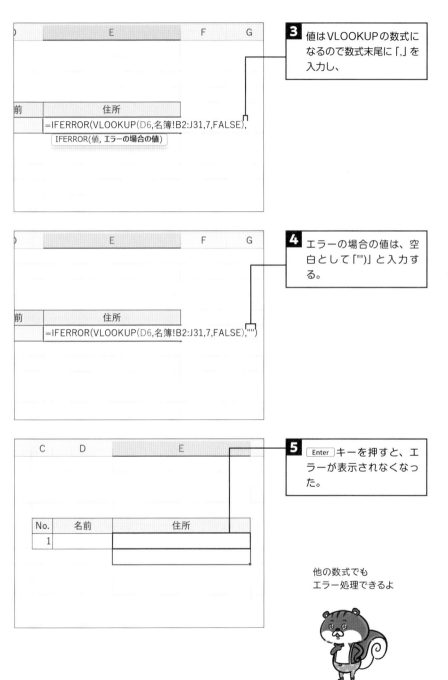

3 値はVLOOKUPの数式になるので数式末尾に「,」を入力し、

前 | 住所
=IFERROR(VLOOKUP(D6,名簿!B2:J31,7,FALSE),
[IFERROR(値, エラーの場合の値)]

4 エラーの場合の値は、空白として「"")」と入力する。

前 | 住所
=IFERROR(VLOOKUP(D6,名簿!B2:J31,7,FALSE),"")

5 Enter キーを押すと、エラーが表示されなくなった。

C	D	E
No.	名前	住所
1		

他の数式でも
エラー処理できるよ

111

データベースの分析&活用

Excel **11**

{ 「フィルター」で必要なデータを抽出する }

フィルターを使うと、大量のデータベースから**条件に合う情報を抽出する**ことができます。条件は「特定の文字を含むもの」から、「任意の範囲の数値」まで指定でき、複数条件でさらに絞り込むこともできます。ここでは名簿の会員種別が「プラチナ」の人だけを抽出してみましょう。

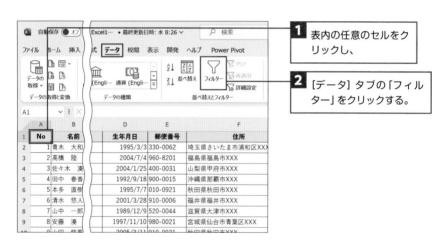

1 表内の任意のセルをクリックし、

2 [データ] タブの「フィルター」をクリックする。

3 見出しにフィルターボタンが表示される。

4 「会員種別」のボタンをクリックし、

No	名前	フリガナ	生年月日	郵便番号	住所	会員種別
1	青木　大和	アオキ　ヤマト	1995/3/3	330-0062	埼玉県さいたま市浦和区XXX	プラチナ
2	高橋　陸	タカハシ　リク	2004/7/4	960-8201	福島県福島市XXX	シルバー
3	佐々木　湊	ササキ　ミナト	2004/1/25	400-0031	山梨県甲府市XXX	シルバー
4	田中　春香	タナカ　ハルカ	1992/9/18	900-0015	沖縄県那覇市XXX	ゴールド
5	本多　直樹	ホンダ　ナオキ	1995/7/7	010-0921	秋田県秋田市XXX	ゴールド
6	清水　悠人	シミズ　ハルト	2001/3/28	910-0006	福井県福井市XXX	シルバー
7	山中　一郎	ヤマナカ　イチロウ	1989/12/9	520-0044	滋賀県大津市XXX	プラチナ
8	安藤　湊	アンドウ　ミナト	1997/11/10	980-0021	宮城県仙台市青葉区XXX	ゴールド
9	山田　悠馬	ヤマダ　ユウマ	2005/3/11	010-0921	秋田県秋田市XXX	ゴールド
10	松本　丈二郎	マツモト　ジョウジロウ	1991/1/12	920-0996	石川県金沢市XXX	シルバー
11	和田　加奈	ワダ　カナ	1986/3/4	850-0056	長崎県長崎市XXX	プラチナ

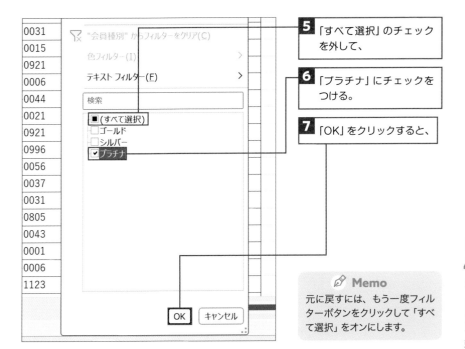

	0031
	0015
	0921
	0006
	0044
	0021
	0921
	0996
	0056
	0037
	0031
	0805
	0043
	0001
	0006
	1123

5 「すべて選択」のチェックを外して、

6 「プラチナ」にチェックをつける。

7 「OK」をクリックすると、

> ✎ **Memo**
> 元に戻すには、もう一度フィルターボタンをクリックして「すべて選択」をオンにします。

8 「プラチナ」の人だけ抽出される。

	A	B	C	D	E	F	G
1	No	名前	フリガナ	生年月日	郵便番号	住所	会員種別
2	1	青木 大和	アオキ ヤマト	1995/3/3	330-0062	埼玉県さいたま市浦和区XXX	プラチナ
8	7	山中 一郎	ヤマナカ イチロウ	1989/12/9	520-0044	滋賀県大津市XXX	プラチナ
12	11	和田 加奈	ワダ カナ	1986/3/4	850-0056	長崎県長崎市XXX	プラチナ
27	26	中村 優愛	ナカムラ ユア	1990/12/5	400-0031	山梨県甲府市XXX	プラチナ
32	31	前田 卓也	マエダ タクヤ	1990/12/5	420-0839	静岡県静岡市葵区XXX	プラチナ
39	38	神谷 柊斗	カミヤ シュウト	1994/9/9	343-0828	埼玉県越谷市XXX	プラチナ
48	47	斉藤 大翔	サイトウ ハルト	1989/8/2	880-0805	宮崎県宮崎市XXX	プラチナ
62	61	松崎 若菜	マツザキ ワカナ	1995/8/2	780-0950	高知県高知市XXX	プラチナ
81	80	佐藤 祥	サトウ ショウ	1985/3/4	152-0035	東京都目黒区XXX	プラチナ
100	99	水戸 愛実	ミト マナミ	1987/3/24	630-8213	奈良県奈良市XXX	プラチナ

A1 — fx No

知っておきたい！

 フィルターに引っかからない場合

該当しているはずのデータがフィルターに引っかからないことが稀にあります。入力ミスもないはずなのに……とよくよくデータを見ると、文字列の前か後ろに空白が入ってしまっていることがあるので確認してみましょう。

第 **4** 章 Excelで頼られる人になる

必要な順番に「並べ替え」

　並べ替えはデータの整理や分析に役立ちます。名簿の名前を昇順に整理する、売上表の売上を降順にしてランキングを表示するなどができます。**並べ替えをする前の範囲選択は不要**で、並べ替えたい列の任意のセルをアクティブにしておきます。ここでは、名簿の名前を昇順に並べ替えましょう。

- **昇順：値の小さいものから大きいものへ並べる。**
  例：「1、2、3、4、5」「あ、い、う、え、お」

- **降順：値の大きいものから小さいものへ並べる。**
  例：「5、4、3、2、1」「お、え、う、い、あ」

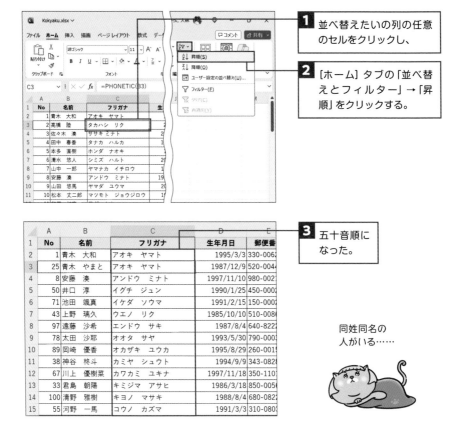

1 並べ替えたいの列の任意のセルをクリックし、

2 [ホーム] タブの「並べ替えとフィルター」→「昇順」をクリックする。

3 五十音順になった。

同姓同名の
人がいる……

114

◆ 複数条件で並べ替える

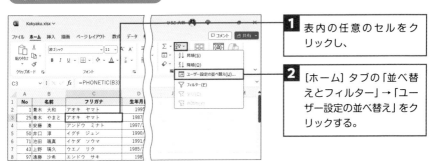

1 表内の任意のセルをクリックし、

2 [ホーム] タブの「並べ替えとフィルター」→「ユーザー設定の並べ替え」をクリックする。

3 フリガナは「昇順」にする。

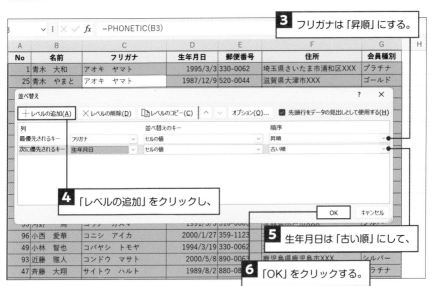

4 「レベルの追加」をクリックし、

5 生年月日は「古い順」にして、

6 「OK」をクリックする。

No	名前	フリガナ	生年月日	郵便番号	住所	会員種別
1	青木 大和	アオキ ヤマト	1995/3/3	330-0062	埼玉県さいたま市浦和区XXX	プラチナ
25	青木 やまと	アオキ ヤマト	1987/12/9	520-0044	滋賀県大津市XXX	ゴールド
96	小西 愛華	コニシ アイカ	2000/1/27	359-1123		
49	小林 智也	コバヤシ トモヤ	1994/3/19	330-0062		
93	近藤 雅人	コンドウ マサト	2000/5/8	890-0063	鹿児島県鹿児島市XXX	シルバー
47	斉藤 大翔	サイトウ ハルト	1989/8/2	880-08		ラチナ

7 複数条件で並べ替えられた。

No	名前	フリガナ	生年月日	郵便番号	住所
25	青木 やまと	アオキ ヤマト	1987/12/9	520-0044	滋賀県大津市XX
1	青木 大和	アオキ ヤマト	1995/3/3	330-0062	埼玉県さいたま市
8	安藤 湊	アンドウ ミナト	1997/11/10	980-0021	宮城県仙台市青
50	井口 淳	イグチ ジュン	1990/1/25	450-0002	愛知県名古屋市
71	池田 颯真	イケダ ソウマ	1991/2/15	150-0002	東京都渋谷区XX
43	上野 璃久	ウエノ リク	1985/10/10	510-0086	三重県四日市市X
97	遠藤 沙希	エンドウ サキ	1987/8/4	640-8222	和歌山県和歌山市
78	太田 沙耶	オオタ サヤ	1993/5/30	790-0003	愛媛県松山市XX

必要なデータを目立たせる「条件付き書式」

条件付き書式を使うと、自動でセルや文字に色をつけるなど**条件に合致したデータを目立たせて表示**できます。目視でわかりやすくすることで、見落としがちな情報を減らします。たとえば売上金額が一定の金額を超えると自動でセルに色をつけるなどに活用できます。

単位：千円

支店	上半期	下半期	年間
札幌	3,788	2,980	6,768
東京	5,021	5,789	10,810
横浜	2,804	3,084	5,888
静岡	2,834	3,117	5,951
名古屋	3,923	3,315	7,238
大阪	3,938	4,331	8,269
京都	3,920	2,312	6,232
神戸	3,928	3,320	7,248
岡山	2,883	3,171	6,054
広島	2,832	3,115	5,947
福岡	3,829	2,212	6,041

1 設定したい範囲を選択し、

2 [ホーム] タブの「条件付き書式」→「セルの強調表示ルール」→「指定の値より大きい」をクリックする。

見落としがなくなり安心だ〜

116

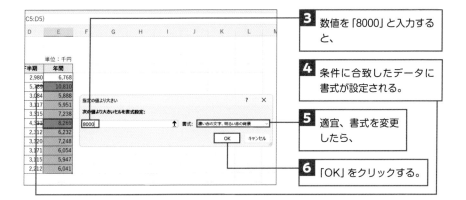

3 数値を「8000」と入力すると、

4 条件に合致したデータに書式が設定される。

5 適宜、書式を変更したら、

6 「OK」をクリックする。

◆ その他の条件付き書式

条件付き書式の種類はこれ以外にもさまざまあり、前ページ手順2の画面から種類を選ぶことができます。場面によって使い分けましょう。

●上位10%

下半期	年間
2,980	6,768
5,789	10,810
3,084	5,888
3,117	5,951
2,315	7,228

●データバー

下半期	年間
2,980	6,768
5,789	10,810
3,084	5,888
3,117	5,951
2,315	7,228

●アイコンセット

下半期	年間
2,980	6,768
5,789	10,810
3,084	5,888
3,117	5,951
2,315	7,228

知っておきたい！

✓ 条件付き書式を解除するには？

条件付き書式の解除は、[ホーム] タブの「条件付き書式」→「ルールのクリア」から行えます。シート全体でルールを解除するには「シート全体からルールをクリア」、部分的に解除するにはセルを範囲選択してから「選択したセルからルールをクリア」をクリックします。

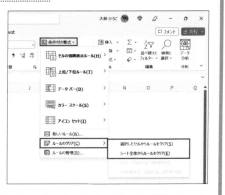

訴求力のあるグラフを作成する

Excelでは、作成した表を簡単にグラフ化することができます。**比較するための棒グラフ、全体の構成を見る円グラフ、時系列で変化を見る折れ線グラフ**など、目的に合うグラフの種類を選びましょう。

ここでは円グラフを作ります。グラフはデータを視覚的に見せることができますが、**強調したい部分は色を変えるなど工夫する**ことでさらに伝わりやすくなります。またグラフの右側にあるプラスのボタンからは、凡例やデータラベルなどグラフ要素の設定ができます。

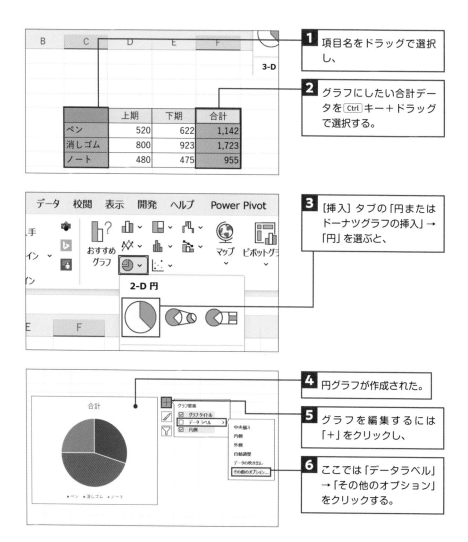

1 項目名をドラッグで選択し、

2 グラフにしたい合計データを [Ctrl] キー＋ドラッグで選択する。

3 [挿入] タブの「円またはドーナツグラフの挿入」→「円」を選ぶと、

4 円グラフが作成された。

5 グラフを編集するには「＋」をクリックし、

6 ここでは「データラベル」→「その他のオプション」をクリックする。

118

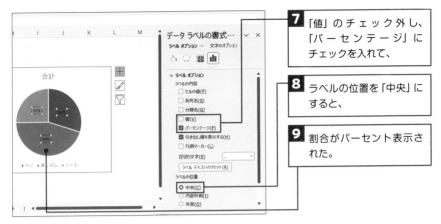

7 「値」のチェック外し、「パーセンテージ」にチェックを入れて、

8 ラベルの位置を「中央」にすると、

9 割合がパーセント表示された。

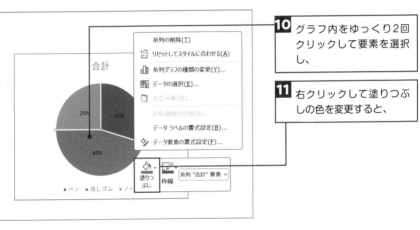

10 グラフ内をゆっくり2回クリックして要素を選択し、

11 右クリックして塗りつぶしの色を変更すると、

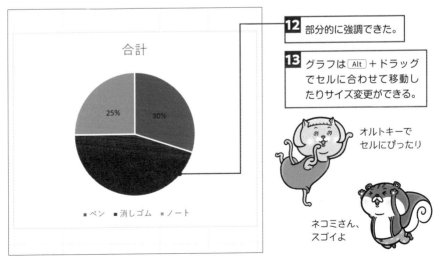

12 部分的に強調できた。

13 グラフは Alt ＋ドラッグでセルに合わせて移動したりサイズ変更ができる。

オルトキーで
セルにぴったり

ネコミさん、
スゴイよ

印刷をマスターする

［ きれいなレイアウトで印刷する ］

　せっかく作った表は用紙に美しく収まらないともったいないです。［ファイル］タブ→「印刷」、または Ctrl ＋ P キーで印刷プレビューを開いたら、**最初にページ数をチェック**しましょう。Excelでは表が大きいと複数ページに分かれてしまうことがありますが、ページ数をチェックすれば**ページに余計なはみ出しがないかを確認**できます。そのあと「用紙の向き」「用紙サイズ」「余白」「拡大縮小」などを上から順番に設定していくとわかりやすいです。最後に**用紙の中央に収める設定**をし、きれいなレイアウトで印刷しましょう。

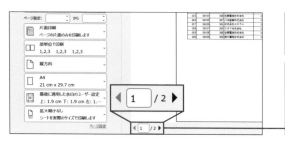

1 Ctrl ＋ P キーで印刷プレビュー画面を表示する。

2 ページ数を確認し、この場合は「2」なので複数ページに分かれていることがわかる。

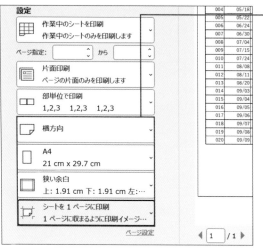

3 上から順番に設定をしていく。

・用紙の向き：横方向
・用紙サイズ：A4
・余白：狭い余白
・拡大縮小：シートを1ページに印刷

> 🖉 **Memo**
> 表が少しだけはみ出る場合は、「余白」や「拡大縮小」の設定で、簡単に1ページに収めることができます。

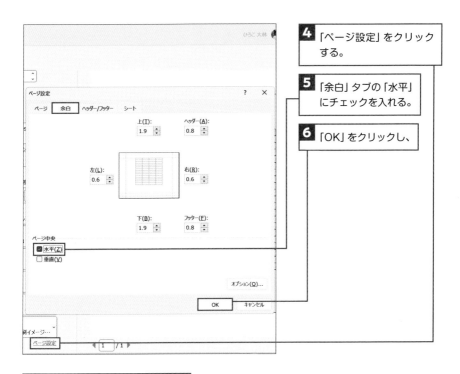

4 「ページ設定」をクリックする。

5 「余白」タブの「水平」にチェックを入れる。

6 「OK」をクリックし、

7 最後にもう一度全体を確認して、

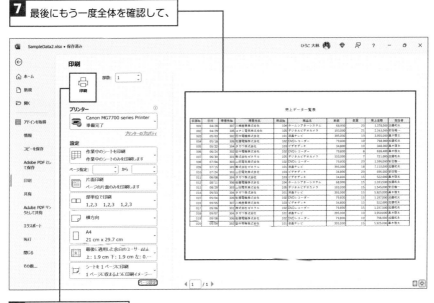

8 印刷をクリックする。

121

〔 シートの一部だけ印刷する 〕

通常、印刷するとシート全体が印刷されますが、**必要な部分だけを印刷**することもできます。

1 印刷したい範囲をドラッグし、

2 [ページレイアウト] タブの「印刷範囲」→「印刷範囲の設定」をクリックする。

📝 **Memo**

印刷範囲を解除するには、「印刷範囲」→「印刷範囲のクリア」を選択します。

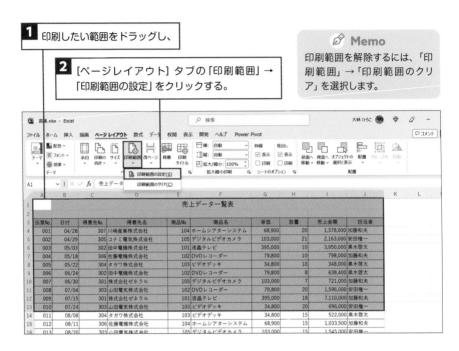

3 [Ctrl] + [P] キーで印刷プレビューを開くと、設定した部分だけが表示される。

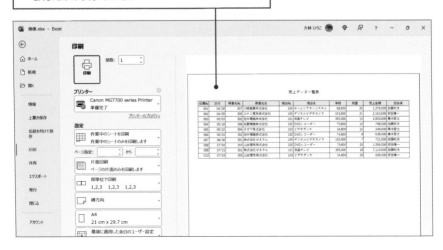

全ページに見出しをつけて印刷する

複数ページにわたる表を印刷するとき、**特定の行や列を、各ページの上端や左端に繰り返し表示する**ことができます。「タイトル行」「タイトル列」を設定して、用紙のデータを読みやすくしましょう。ここではタイトル行を設定します。

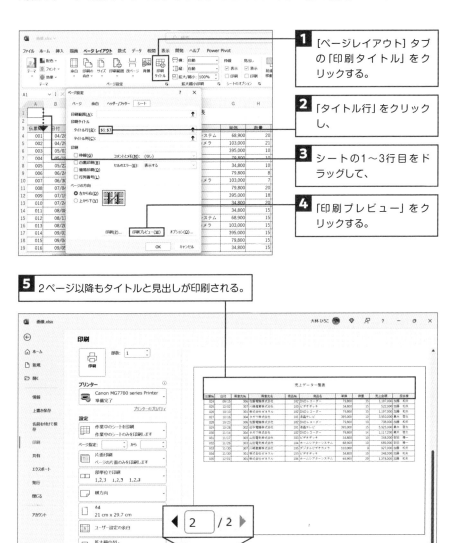

1 [ページレイアウト] タブの「印刷タイトル」をクリックする。

2 「タイトル行」をクリックし、

3 シートの1〜3行目をドラッグして、

4 「印刷プレビュー」をクリックする。

5 2ページ以降もタイトルと見出しが印刷される。

ステップアップのための応用機能

{ 「テーブル」で管理をラクにする }

　ここからは、Excelに慣れてきたら挑戦してほしい機能を少しだけご紹介します。1つ目は**「テーブル」**です。ここまでの操作で、表にデータを追加して書式や数式をコピーすることができるようになりました。それらを自動で行ってくれるのが「テーブル」です。

　表をテーブルにすると見た目がガラッと変わります。そして、試しに表の下にデータを追加してみると、表が自動で大きくなるのがわかるでしょう。テーブルにするとこのように**自動で罫線や塗りつぶしが設定されるだけでなく、数式まで入力され、表の管理がとてもラクになります**。ただし、さまざまな設定が追加されるので、操作にはテーブルの知識と慣れが必要になります。

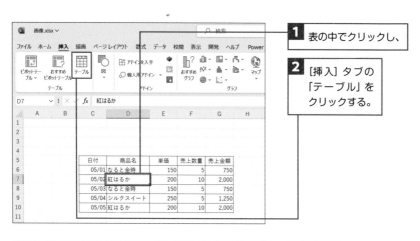

1 表の中でクリックし、

2 [挿入] タブの「テーブル」をクリックする。

3 表の範囲を確認されるので「OK」をクリックすると、

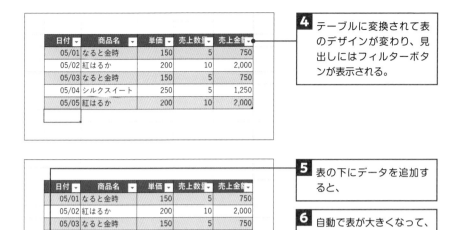

4 テーブルに変換されて表のデザインが変わり、見出しにはフィルターボタンが表示される。

5 表の下にデータを追加すると、

6 自動で表が大きくなって、売上金額の数式が自動入力された。

分析は瞬時に「ピボットテーブル」

「ピボットテーブル」とは、データ分析するための非常に強力なツールです。**1つの表をもとに、別の新しい表を自動で作成し、集計や分析やグラフ化などができます**。たとえば売上データから、支店×月別の売上表や、担当者×商品別などの売上表が作れます。さまざまな角度からの分析がドラッグだけで簡単にできるようになります。

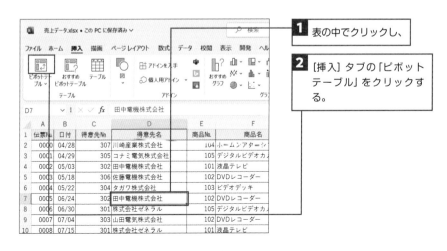

1 表の中でクリックし、

2 [挿入] タブの「ピボットテーブル」をクリックする。

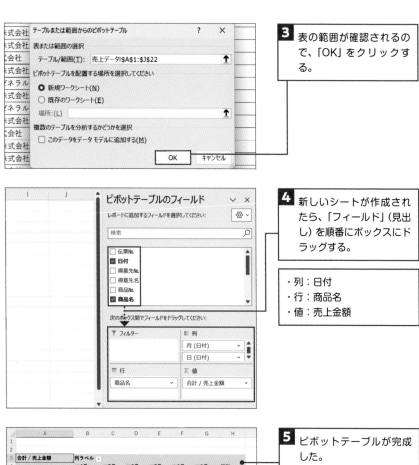

3 表の範囲が確認されるので、「OK」をクリックする。

4 新しいシートが作成されたら、「フィールド」（見出し）を順番にボックスにドラッグする。

・列：日付
・行：商品名
・値：売上金額

5 ピボットテーブルが完成した。

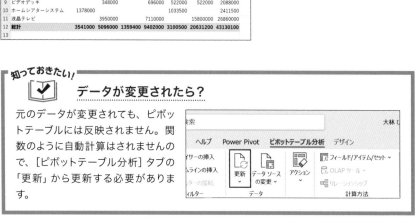

✔️ データが変更されたら？

元のデータが変更されても、ピボットテーブルには反映されません。関数のように自動計算はされませんので、[ピボットテーブル分析] タブの「更新」から更新する必要があります。

5

Word がグッと
使いやすくなる

Word とは?

「文字」を扱う文書作成ソフト

Wordは、Excel同様に多くの会社で使われているもっともメジャーな**文書作成ソフト**です。報告書や議事録など用紙1枚に収まるビジネス文書から、マニュアルや論文など多ページにわたるものまで、用途に応じた使い方ができます。

文章を入力すれば何となく使っていけるアプリですが「Wordの親切、大きなお世話」といわれるほど、お節介なWordに手を焼くケースがあります。ここではWordの性質をよく理解し、ビジネス文書を作成するための基本操作をお伝えします。

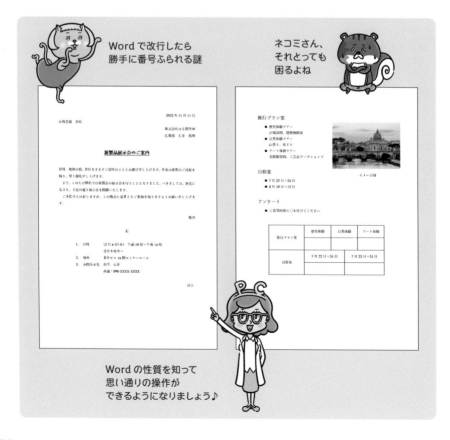

Word で改行したら勝手に番号ふられる謎

ネコミさん、それとっても困るよね

Word の性質を知って思い通りの操作ができるようになりましょう♪

効率的に文書を仕上げるための作成順序

　Word文書をすばやく仕上げるための手順は、**「すべての文字入力」→「書式設定」**が鉄則です。その理由として、Wordは改行すると書式設定を次の行以降に引き継ぎます。たとえば文書のタイトルのフォントサイズを大きくして下線を付け、中央揃えで改行すると、次の行以降にもすべての書式が引き継がれるわけです。次の行では、それらの書式を解除する手間がかかってしまいます。文字入力をすべて済ませてから書式設定することで、効率よく文書を作成することができます。

● Wordは書式設定を引き継いでしまう

前の行の書式設定が引き継がれてしまっている。

● 書式設定は最後にまとめて行う

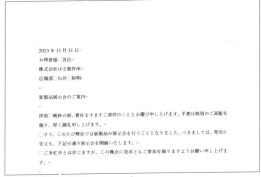

文字をすべて入力してから、書式設定をしたほうが効率的。

入力しながら
文字揃えしてた

入力と書式設定は分けるとラクだよ

129

Word 02 4つのキーワードで Wordを理解する

〔 「段落」の考え方 〕

通常、「段落」とは意味のある文章のまとまりのことですが、Wordでは**改行してから次の改行までの間を1つの「段落」と認識**します。長い文章でもたった1文字でも、 Enter キーを押せば新しい段落がはじまります。Wordでは段落単位で設定される機能が多くあるため、**「Wordで Enter キーを押すと段落が分かれる」**ことを覚えておきましょう。

また、段落を分けずに、同じ段落内で改行することもできます。 Shift + Enter キーは、改行しても同じ段落であることをWordへ伝える操作です。見た目は通常の改行と変わりませんが、表示される編集記号で区別します。

● Wordの段落

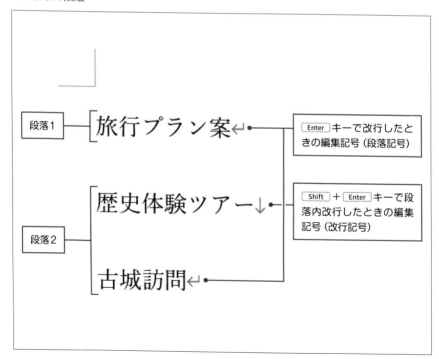

﹇ 「書式」とは？ ﹈

　「書式」とは見た目を整えるための設定です。Excelでは書式はひとまとめでしたが、Wordでは**「文字書式」**と**「段落書式」**として明確に分かれています。

　「文字書式」は、フォントサイズや色や太字などを範囲選択した**文字単位で設定**します。「段落書式」は、中央揃えや行間隔や箇条書きなどを**段落単位で設定**します。この2つの違いは「段落書式」の設定に範囲選択が不要なことです。Wordは改行マークで段落を自動で認識します。

●文字書式

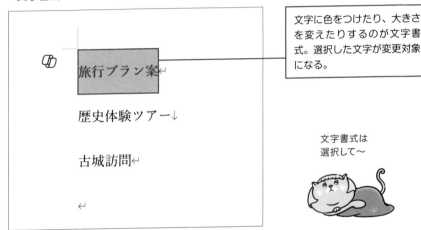

文字に色をつけたり、大きさを変えたりするのが文字書式。選択した文字が変更対象になる。

文字書式は
選択して〜

●段落書式

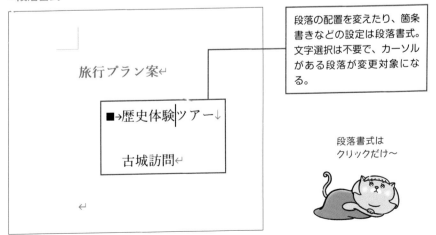

段落の配置を変えたり、箇条書きなどの設定は段落書式。文字選択は不要で、カーソルがある段落が変更対象になる。

段落書式は
クリックだけ〜

{ 「インデント」とは？ }

「インデント」とは**字下げ**のことで、**文書の行頭や行末などをきれいに揃える機能**です。Wordでは、文字位置をスペースキーで調整するのはご法度です。スペースキーで調整すると、文書の行頭や行末が微妙にずれ、修正のときにはスペースの再調整が必要になるなど、本当にムダな作業時間が生じてしまうからです。正しいインデントの使い方ができるようになると、その文書を修正するときも効率よく作業できるようになります。

● スペースキーで調整した文書

機能１：ビデオを使うと、伝えたい

□□□□ックすると、追加したいヒ

□□□□できるようになります。キ

□□□□で検索することもできま

機能２：Word · に用意されている

□□□□を組み合わせると、プロの

□□□□する表紙、ヘッダー、サ

□□□□それぞれのギャラリーで

行頭、行末ともに微妙にずれてしまう。また、修正のたびにスペースの調整が大変になる。なお、ここではP.146の方法でスペースの編集記号を表示している。

これは編集が大変だっ

● インデントを設定した文書

機能１：ビデオを使うと、伝えたい

ックすると、追加したいヒ

できるようになります。キ

で検索することもできま ↵

機能２：Word に用意されている

組み合わせると、プロのよ

る表紙、ヘッダー、サイ

行頭、行末ともにきれいに揃っている。修正して文字量が変わってもレイアウトは崩れない。

これだとラクちん

お節介機能？「オートコレクト」

Wordは私たちが便利に使いやすいようにと、あの手この手で先回りしてきます。たとえば行頭に「1.」と入力すると改行のたびに「2.」「3.」と勝手に番号を振り、アルファベットを入力すると頭文字を大文字にします。これらWordのお節介機能は**「オートコレクト」**といい、設定から解除することができます。ただし役に立つ場合もあるので、解除までの必要がない場合は、**オートコレクトされた直後に** Ctrl **＋** Z **キーで元に戻せる**ことを知っておきましょう。

◆ オートコレクトを一時的に取り消す

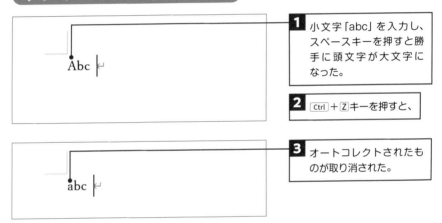

1 小文字「abc」を入力し、スペースキーを押すと勝手に頭文字が大文字になった。

2 Ctrl ＋ Z キーを押すと、

3 オートコレクトされたものが取り消された。

◆ オートコレクトの設定を解除する

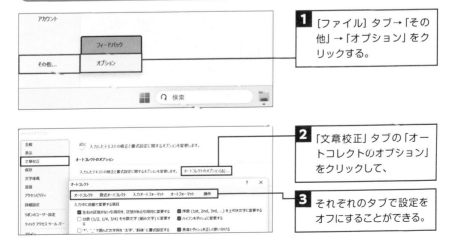

1 [ファイル] タブ→「その他」→「オプション」をクリックする。

2 「文章校正」タブの「オートコレクトのオプション」をクリックして、

3 それぞれのタブで設定をオフにすることができる。

133

ビジネス文書づくりの基本

基本のビジネス文書「案内文」

　ビジネス文書は、正確な情報伝達を行い、ビジネスを円滑に進めるためのものです。読み手の立場に立って、**決まった型に当てはめながら作っていきます**。タイトルは目的を明確に、文章は簡潔でわかりやすく、敬意を払った表現を心がけましょう。ここでは「案内文」を例に見ていきます。

● **基本のビジネス文書**

❶ **発信日付**

　西暦でも和暦でも問題ありません。配置を右揃えにします。

❷ **宛先**

　先方が個人なら「様」に、多数なら「各位」にします。

❸ **差出人**

　自身の情報を入れて、右揃えにします。

❹ **タイトル**

　一目で主旨がわかるよう簡潔にします。中央揃えで、文字サイズを大きくすると伝わりやすくなります。

❺ **前文**

　「拝啓」からはじまり、時候や祝福や感謝を伝えます。Wordの「あいさつ文」（→P.136）を利用すると良いでしょう。

❻ **主文（本文）**

　要件を完結に、長くなる場合には本文のあとの記書きにまとめます。

❼ **末文**

　先方に対する感謝や丁寧な言葉などで、文書を結びます。

❽ **記書き**

　必要な場合は、最後に記書きを追加します。

① 2023 年 11 月 11 日

② お得意様　各位

③ 株式会社はる製作所
広報部　石井　裕明

④ 新製品展示会のご案内

⑤ 拝啓　晩秋の候、貴社ますますご清祥のこととお慶び申し上げます。平素は格別のご高配を
賜り、厚く御礼申し上げます。

⑥ 　さて、このたび弊社では新製品の展示会を行うこととなりました。つきましては、発売に
先立ち、下記の通り展示会を開催いたします。

⑦ 　ご多忙中とは存じますが、この機会に是非ともご参加を賜りますようお願い申し上げま
す。

敬具

記

⑧
1.　日時　　　　12 月 6 日(水)　午前 10 時～午後 16 時
　　　　　　　　受付 9 時半～
2.　場所　　　　本社ビル 16 階セミナールーム
3.　お問合せ先　担当　石井
　　　　　　　　直通：090-XXXX-XXXX

以上

［ Wordの入力補助を活用する ］

　先述したオートコレクトを使うと、「拝啓」と入力したあとにスペースキーで「敬具」と自動入力してくれます。また、**各種あいさつ文が定型文として用意されている**のでいちいち考える必要がありません。ここではそんなビジネス文書づくりに役立つ入力補助機能を紹介します。

◆「拝啓」と「敬具」をセットで入力

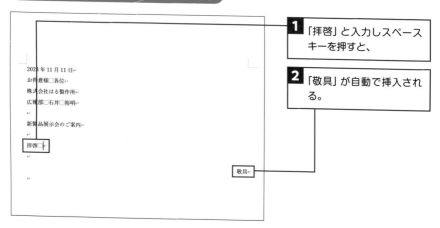

1 「拝啓」と入力しスペースキーを押すと、

2 「敬具」が自動で挿入される。

◆Wordの「あいさつ文」を活用する

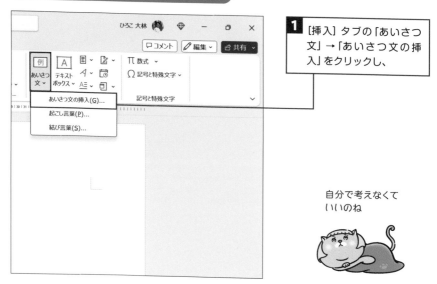

1 ［挿入］タブの「あいさつ文」→「あいさつ文の挿入」をクリックし、

自分で考えなくていいのね

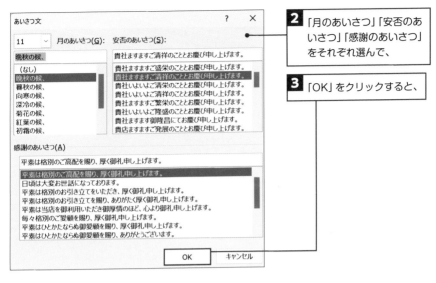

2 「月のあいさつ」「安否のあいさつ」「感謝のあいさつ」をそれぞれ選んで、

3 「OK」をクリックすると、

4 あいさつ文が挿入された。

◆ 「記」と「以上」をセットで入力

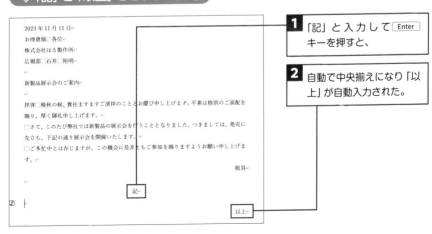

1 「記」と入力して Enter キーを押すと、

2 自動で中央揃えになり「以上」が自動入力された。

137

こまめに保存する

新しい文書を開いたら、早めに「名前を付けて保存」しましょう。ファイルの保存先はOfficeで共通で「ドキュメント」という場所になっていて、**「参照」をクリックすると変更**ができます。文書が完成するまでは、こまめな上書き保存を徹底しましょう。何度も必要な操作なのでショートカットキー <kbd>Ctrl</kbd> ＋ <kbd>S</kbd> キー (SaveのS) が早いです。

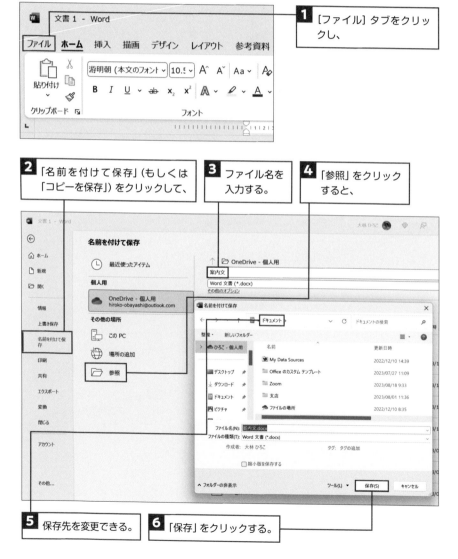

1 [ファイル] タブをクリックし、

2 「名前を付けて保存」(もしくは「コピーを保存」)をクリックして、

3 ファイル名を入力する。

4 「参照」をクリックすると、

5 保存先を変更できる。

6 「保存」をクリックする。

{ レイアウトの設定と印刷 }

　Word文書のレイアウトは、多くのビジネス文書で使用される**A4縦向き**です。もしレイアウトに変更がある場合は、最初に設定しておきましょう。そして印刷するときには、**行間隔が広すぎないか、空行が2ページ目にはみ出ていないか**など印刷イメージを確認し、ここでも必要であればレイアウトの変更が行えます。必ずテスト印刷をして誤字脱字のチェックもしておきましょう。

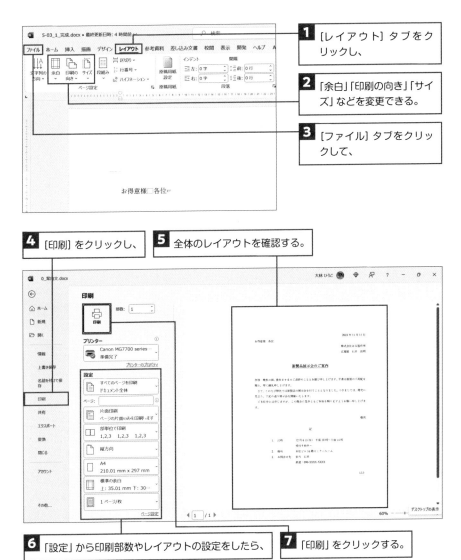

1 [レイアウト] タブをクリックし、

2 「余白」「印刷の向き」「サイズ」などを変更できる。

3 [ファイル] タブをクリックして、

4 [印刷] をクリックし、

5 全体のレイアウトを確認する。

6 「設定」から印刷部数やレイアウトの設定をしたら、

7 「印刷」をクリックする。

Word 04 文字の見た目を整える

{ 効率のよい範囲選択 }

　Wordには文字選択に便利なマウス操作があります。まとめて選択するときは、**文書の左余白部でクリックすると行選択になり、ドラッグすると一気に複数行選択**ができます。文章などをまとめて移動するときにとても便利な操作です。

　また、細かな選択はキーボード操作がスムーズです。たとえば Shift ＋ → キーだと**１文字ずつ**、 Shift ＋ ↓ キーだと**１行ずつ選択**できます。キーボードとマウスを上手に使い分けられると、効率よく文書編集ができるようになります。

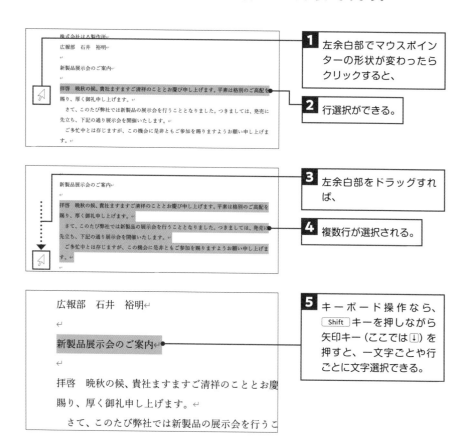

1 左余白部でマウスポインターの形状が変わったらクリックすると、

2 行選択ができる。

3 左余白部をドラッグすれば、

4 複数行が選択される。

5 キーボード操作なら、 Shift キーを押しながら矢印キー（ここでは ↓ ）を押すと、一文字ごとや行ごとに文字選択できる。

〔 フォントを変更する 〕

新しい文書を開くと**「游明朝」**というフォントが設定されています。バランスの整った読みやすいフォントなので、ビジネス文書で使用する場合には特に変更の必要はないでしょう。

ただし状況に応じて私の場合は、文字の太さが均等な**「メイリオ」**というフォントを使うこともあります。変更するにはメニューのフォント一覧から探しますが、たくさん表示されるため直接フォント名を入力すると早いでしょう。

新商品展示会のご案内↵

▲游明朝

新商品展示会のご案内↵

▲メイリオ

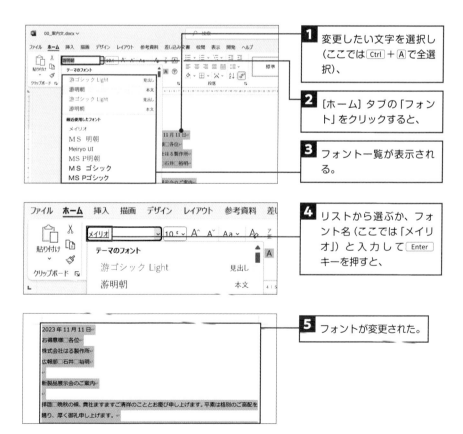

1 変更したい文字を選択し（ここでは Ctrl ＋ A で全選択）、

2 [ホーム] タブの「フォント」をクリックすると、

3 フォント一覧が表示される。

4 リストから選ぶか、フォント名（ここでは「メイリオ」）と入力して Enter キーを押すと、

5 フォントが変更された。

{ フォントサイズを変更する }

フォントサイズの単位は「ポイント」で、1ポイント＝約0.35ミリですが文字サイズをイメージしづらいです。そのため、**「フォントサイズの拡大」と「フォントサイズの縮小」**のボタンを使いましょう。視覚的に文字の大きさを確認できます。また「フォントサイズ」一覧に直接数字を入力すれば、メニューにはない5ポイントや30ポイントなどのサイズ指定もできるようになります。

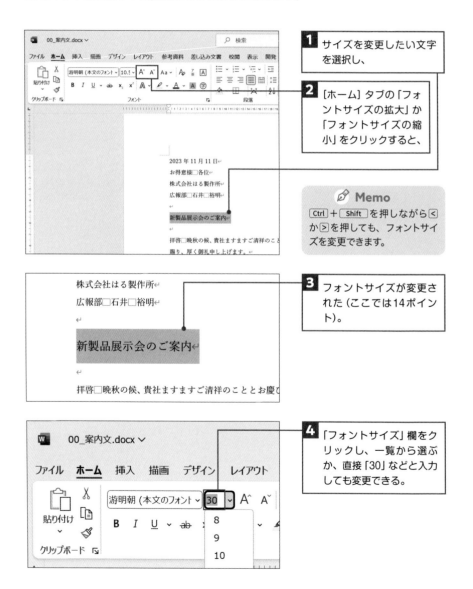

1 サイズを変更したい文字を選択し、

2 [ホーム] タブの「フォントサイズの拡大」か「フォントサイズの縮小」をクリックすると、

✐ Memo
[Ctrl] + [Shift] を押しながら[<]か[>]を押しても、フォントサイズを変更できます。

3 フォントサイズが変更された（ここでは14ポイント）。

4 「フォントサイズ」欄をクリックし、一覧から選ぶか、直接「30」などと入力しても変更できる。

{ 太字や下線で強調する }

　文書の中で重要なところや変化が必要なところには、太字や下線などを設定します。フォントの強調はOfficeで共通ですので、ショートカットキーで覚えておくと便利でしょう。**太字は** `Ctrl` ＋ `B` **キー** (Bold)、**下線は** `Ctrl` ＋ `U` **キー** (Underline) です。

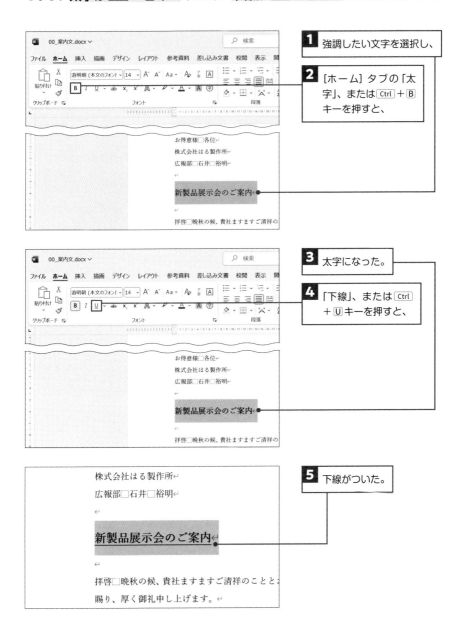

1 強調したい文字を選択し、

2 ［ホーム］タブの「太字」、または `Ctrl` ＋ `B` キーを押すと、

3 太字になった。

4 「下線」、または `Ctrl` ＋ `U` キーを押すと、

5 下線がついた。

［ 書式だけをコピーする ］

書式だけをコピーすれば、同じフォントやサイズなどを繰り返し設定する必要がなくなります。**「書式のコピー／貼り付け」** をクリックすると1度だけ、ダブルクリックすると Esc キーを押すまで何度でも、書式を貼り付けることができます。

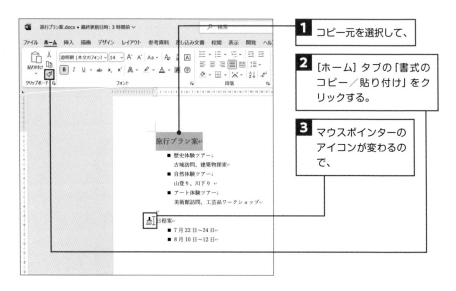

1 コピー元を選択して、

2 ［ホーム］タブの「書式のコピー／貼り付け」をクリックする。

3 マウスポインターのアイコンが変わるので、

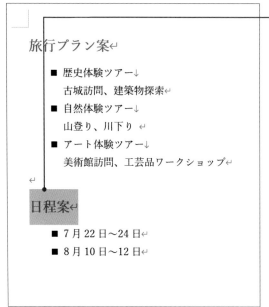

4 貼り付け先をドラッグすると、書式が貼り付けられる。

Excel でも
PowerPoint でも
使えて便利ですよ

✐ **Memo**

「書式のコピー／貼り付け」をダブルクリックした場合は、続けて書式を貼り付けることができます。解除するには Esc キーを押します。

｛　書式を解除する　｝

　書式を解除するには「すべての書式をクリア」を使います。こちらは文字書式も段落書式もまとめて解除されます。

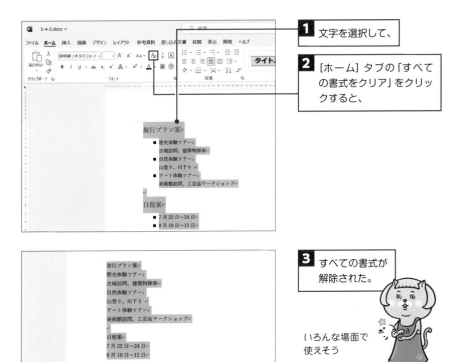

1 文字を選択して、

2 [ホーム] タブの「すべての書式をクリア」をクリックすると、

3 すべての書式が解除された。

いろんな場面で使えそう

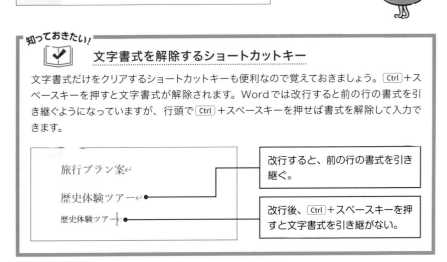

知っておきたい！

✔ 文字書式を解除するショートカットキー

　文字書式だけをクリアするショートカットキーも便利なので覚えておきましょう。[Ctrl]＋スペースキーを押すと文字書式が解除されます。Wordでは改行すると前の行の書式を引き継ぐようになっていますが、行頭で[Ctrl]＋スペースキーを押せば書式を解除して入力できます。

旅行プラン案↵

歴史体験ツアー↵

歴史体験ツアー

改行すると、前の行の書式を引き継ぐ。

改行後、[Ctrl]＋スペースキーを押すと文字書式を引き継がない。

段落の見た目を整える

〔 まずはスペースやタブを可視化しよう 〕

　スペースやタブを挿入しても、文書内ではどの位置で操作したか一見わかりません。しかし編集記号を表示すれば、**スペースは「□」で、タブは「→」で確認できる**ようになります。文書に余計な空白は入っていないか、[Tab] キーを何回押したかなどが確認できるので、編集記号は表示させておきましょう。なお、編集記号が印刷されることはありません。

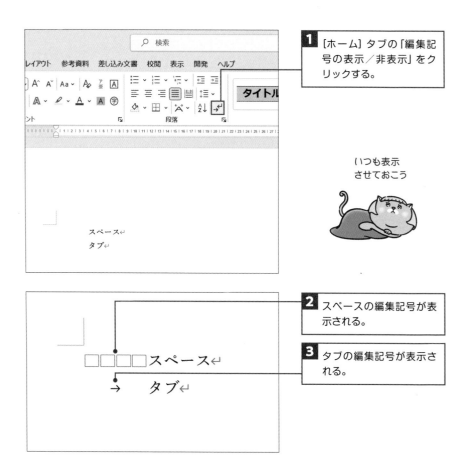

1 [ホーム] タブの「編集記号の表示／非表示」をクリックする。

いつも表示
させておこう

2 スペースの編集記号が表示される。

3 タブの編集記号が表示される。

段落の配置を揃える

　文字列を **「中央揃え」** や **「右揃え」に配置** することで、レイアウトが整い読みやすくなります。しかし残念ながら、これらの機能を使わずスペースで文字位置を配置した文書をお見かけすることも。その方法だと、文字を修正する度にスペースの数も調整し直すといった非効率な作業が生じてしまいますので、文字揃えの機能は必ず活用したいですね。

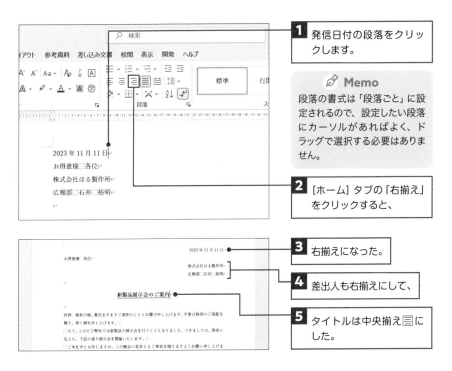

1 発信日付の段落をクリックします。

📎 Memo
段落の書式は「段落ごと」に設定されるので、設定したい段落にカーソルがあればよく、ドラッグで選択する必要はありません。

2 [ホーム] タブの「右揃え」をクリックすると、

3 右揃えになった。

4 差出人も右揃えにして、

5 タイトルは中央揃え▤にした。

知っておきたい！
✓ 「左揃え」と「両端揃え」の違い

Wordを起動すると文字の位置は「左揃え▤」になっているようですが、実は「両端揃え▤」という設定です。これは行の左端と右端の文字位置が縦にきちんと揃えられているもので、左端のみが揃えられている「左揃え」とは異なります。

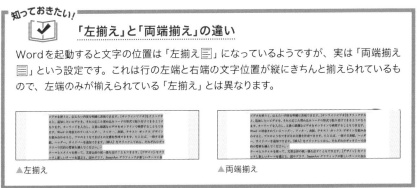

▲左揃え　　　　　　　　　　　　　　　　　▲両端揃え

〔 行間隔を変更する 〕

　フォントサイズを大きくすると、**文章の行間隔が自動で広がってしまう**ことがよく起こります。広がった行間隔は簡単に元に戻せます。また、行間隔を変更する設定方法も知っておきましょう。

◆ 行間隔を元に戻す

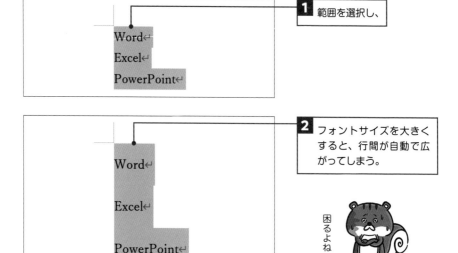

1 範囲を選択し、

2 フォントサイズを大きくすると、行間が自動で広がってしまう。

困るよね

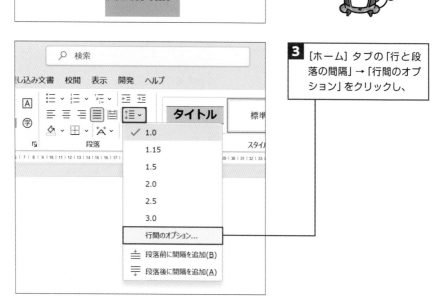

3 [ホーム] タブの「行と段落の間隔」→「行間のオプション」をクリックし、

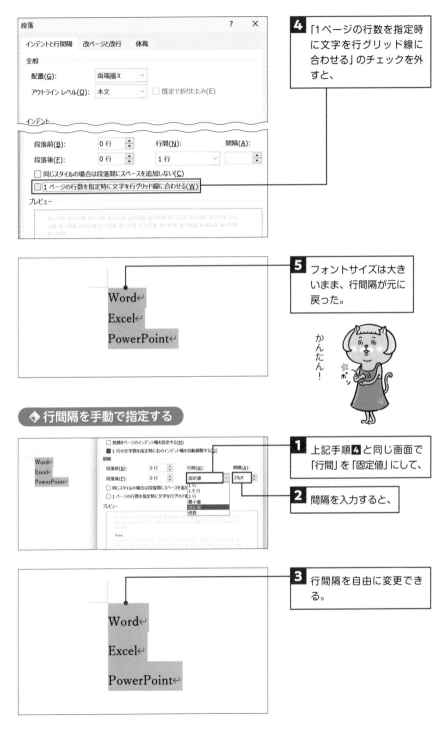

4 「1ページの行数を指定時に文字を行グリッド線に合わせる」のチェックを外すと、

5 フォントサイズは大きいまま、行間隔が元に戻った。

かんたん！

◆ 行間隔を手動で指定する

1 上記手順**4**と同じ画面で「行間」を「固定値」にして、

2 間隔を入力すると、

3 行間隔を自由に変更できる。

箇条書きと段落番号

内容をわかりやすく伝えるためには、**「箇条書き」**や**「段落番号」**が有効です。さらに**段落内改行**（ Shift + Enter ）を使うと、希望通りに番号や記号を表示できます。以下は段落番号を使った例ですが、箇条書きでも操作は同じです。

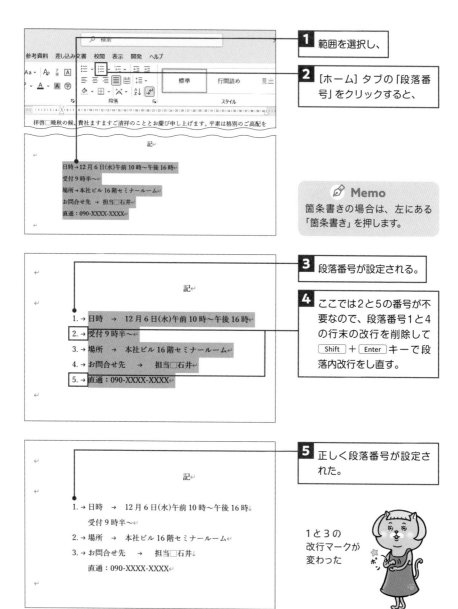

1 範囲を選択し、

2 [ホーム] タブの「段落番号」をクリックすると、

Memo
箇条書きの場合は、左にある「箇条書き」を押します。

3 段落番号が設定される。

4 ここでは2と5の番号が不要なので、段落番号1と4の行末の改行を削除して Shift + Enter キーで段落内改行をし直す。

5 正しく段落番号が設定された。

1と3の
改行マークが
変わった

{ ルーラーで余白を調整する }

　「ルーラー」とは、**定規のような目盛りがついたバー**のことです。「水平ルーラー」と「垂直ルーラー」があり、ルーラーの白い部分は文書領域、グレーの部分は余白です。**白とグレーの境界線をドラックすることで、手軽に余白を調整できます。**

　特に重要なのが水平ルーラーで、後述するインデントやタブ位置が一目でわかります。常にルーラーを表示することで、文書のレイアウトを正しく知り、適切な調整ができるようになります。

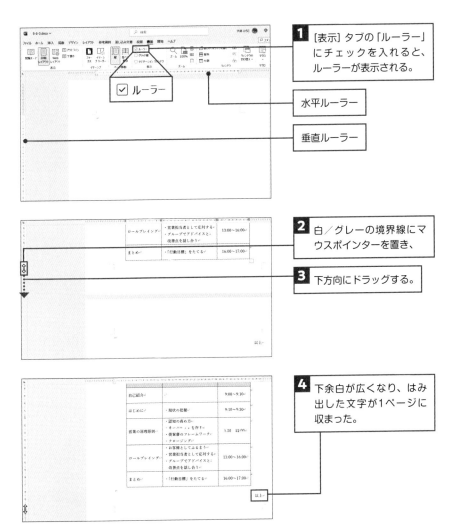

1 [表示] タブの「ルーラー」にチェックを入れると、ルーラーが表示される。

水平ルーラー

垂直ルーラー

2 白／グレーの境界線にマウスポインターを置き、

3 下方向にドラッグする。

4 下余白が広くなり、はみ出した文字が1ページに収まった。

｛ インデントで行頭を揃える ｝

文字の位置を揃えることを**インデント**といいます。インデントは水平ルーラーに表示されているので、意図せず文書が崩れてしまったとき、インデントを見れば原因がわかることも多いです。

インデントには４つの種類がありますが、ここでは基本の**「左インデント」**を使い、箇条書きを右へ字下げします。操作はボタンを押すだけです。

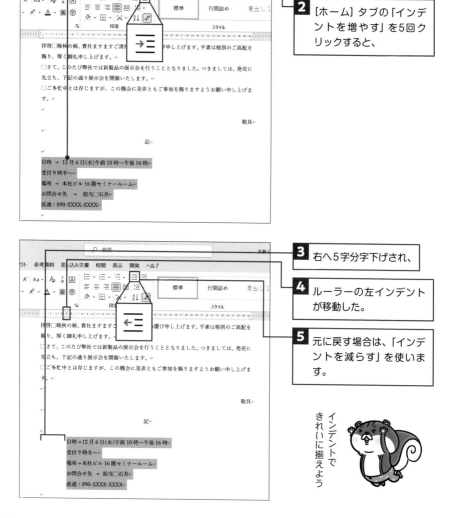

1 範囲を選択し、

2 ［ホーム］タブの「インデントを増やす」を5回クリックすると、

3 右へ5字分字下げされ、

4 ルーラーの左インデントが移動した。

5 元に戻す場合は、「インデントを減らす」を使います。

インデントで
きれいに揃えよう

☑ 4つのインデントの使い分け

4種類のインデントは水平ルーラーに表示されるアイコンで区別でき、ドラッグすることで操作できます。少々高度なテクニックになりますが、文書をキレイに見せるためには有効な操作です。

●4つのインデント

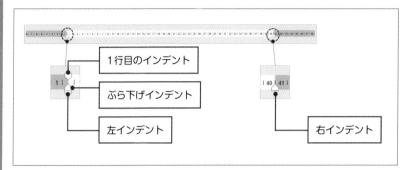

1行目のインデント

ぶら下げインデント

左インデント

右インデント

●1行目のインデント：段落の1行目を字下げする

> 機能1：ビデオを使うと、伝えたい内容を明確に表現できます。[オンラインビデオ]をクリックすると、追加したいビデオを、それに応じた埋め込みコードの形式で貼り付けできるようになります。キーワードを入力して、文書に最適なビデオをオンラインで検索することもできます。
> 機能2：Word に用意されているヘッダー、フッター、表紙、テキスト ボックス デザインを組み合わせると、プロのようなできばえの文書を作成できます。たとえば、一致する表紙、ヘッダー、サイドバーを追加できます。[挿入] をクリックしてから、それぞれのギャラリーで目的の要素を選んでください。

●ぶら下げインデント：段落の2行目以降を字下げする

> 機能1：ビデオを使うと、伝えたい内容を明確に表現できます。[オンラインビデオ]をクリックすると、追加したいビデオを、それに応じた埋め込みコードの形式で貼り付けできるようになります。キーワードを入力して、文書に最適なビデオをオンラインで検索することもできます。
> 機能2：Word に用意されているヘッダー、フッター、表紙、テキスト ボックス デザインを組み合わせると、プロのようなできばえの文書を作成できます。たとえば、一致する表紙、ヘッダー、サイドバーを追加できます。[挿入] をクリックしてから、それぞれのギャラリーで目的の要素を選んでください。

●左／右インデント：段落全体の左端／右端を字下げする

> 機能1：ビデオを使うと、伝えたい内容を明確に表現できます。[オンラインビデオ]をクリックすると、追加したいビデオを、それに応じた埋め込みコードの形式で貼り付けできるようになります。キーワードを入力して、文書に最適なビデオをオンラインで検索することもできます。
>
> 機能2：Word に用意されているヘッダー、フッター、表紙、テキストボックスデザインを組み合わせると、プロのようなできばえの文書を作成できます。たとえば、一致する表紙、ヘッダー、サイドバーを追加できま

〔 Tab キーで文字を揃える 〕

 Tab キーを押すと**「4文字間隔」で空白を作り出す**ことができます。複数行にわたって文字列の先頭位置を揃えたいときに便利です。また、ルーラー上でクリックすることで**タブの位置を任意に設定する**ことができます。そうすると4文字単位でなく一気にタブ位置にカーソルが移動できるようになります。

◆ Tab キーの基本

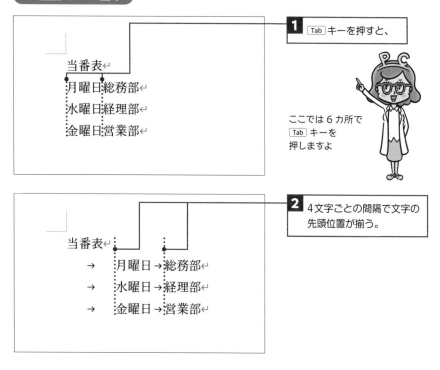

1 Tab キーを押すと、

ここでは 6 カ所で
 Tab キーを
押しますよ

2 4文字ごとの間隔で文字の
先頭位置が揃う。

◆ タブ位置を任意に設定する

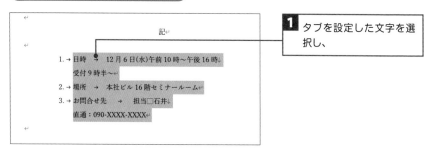

1 タブを設定した文字を選
択し、

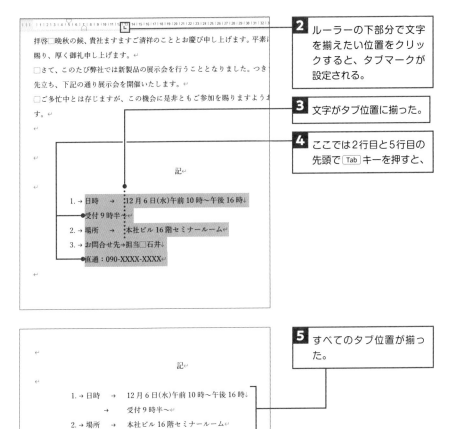

2 ルーラーの下部分で文字を揃えたい位置をクリックすると、タブマークが設定される。

3 文字がタブ位置に揃った。

4 ここでは2行目と5行目の先頭で Tab キーを押すと、

5 すべてのタブ位置が揃った。

✎ **Memo**
タブマークはルーラーの外へドラッグすると、解除できます。

インデントやタブで
行頭美人に

ネコミさん、
いいねいいね

誰もが編集しやすい
美しいビジネス文書を♪

Word 06 画像や表、テキストボックスを挿入する

{ 画像を挿入する }

画像は3つの場所から挿入できます。**パソコン内、ストック画像、オンライン画像**です。ストック画像はOfficeのバージョンによって表示される数は違いますが、高品質の画像やアイコンが商用利用できます。オンライン画像で検索されるのはネット上の画像なので著作権的に問題ないか確認が必要です。

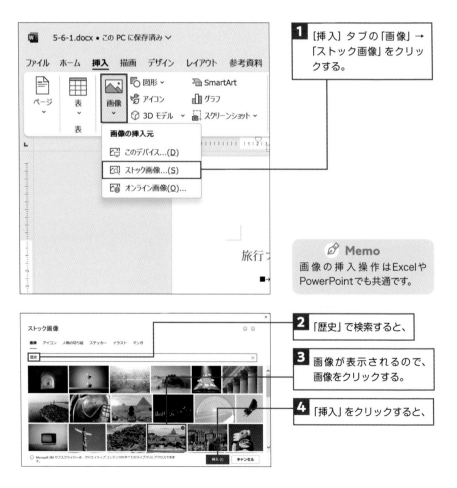

1 [挿入] タブの「画像」→「ストック画像」をクリックする。

✏️ **Memo**
画像の挿入操作はExcelやPowerPointでも共通です。

2 「歴史」で検索すると、

3 画像が表示されるので、画像をクリックする。

4 「挿入」をクリックすると、

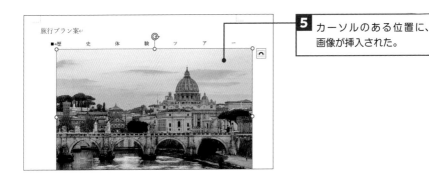

5 カーソルのある位置に、画像が挿入された。

画像サイズを変更する

画像をクリックすると、**画像の4隅に小さな白い丸**が表示されます。これをドラッグすると縦横比を保ったまま拡大／縮小することができます。また、複数の画像を載せる場合など、画像を同じサイズで表示したい場合は**数値で指定**することも可能です。

1 画像をクリックすると白い丸が表示されるのでドラッグすると、

2 縦横比を保ったままサイズが小さくなった。

3 [図の形式] タブで、数値でサイズを指定することもできる。

157

移動できない画像の対処法

　Wordで画像を挿入すると、画像と文字列が水と油のようにはじかれてしまい、思い通りに移動することができません。**自由に動かすには「文字列の折り返し」を設定**します。ExcelやPowerPointには必要のない操作ですが、**Wordでは「画像の挿入」と「文字列の折り返し」はセット**で使います。

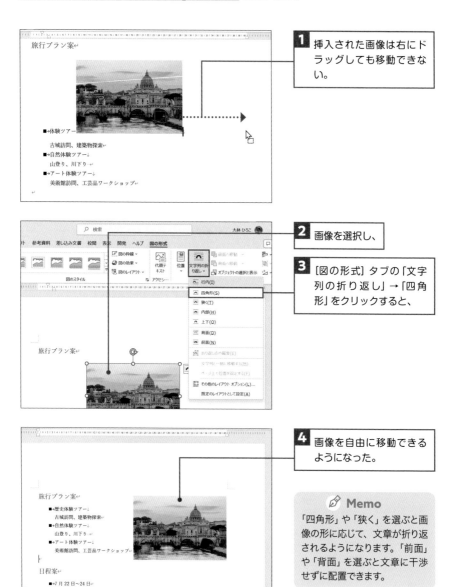

1 挿入された画像は右にドラッグしても移動できない。

2 画像を選択し、

3 [図の形式] タブの「文字列の折り返し」→「四角形」をクリックすると、

4 画像を自由に移動できるようになった。

✐ Memo

「四角形」や「狭く」を選ぶと画像の形に応じて、文章が折り返されるようになります。「前面」や「背面」を選ぶと文章に干渉せずに配置できます。

{ 表を挿入する }

　Wordでは行数と列数を指定するだけで、簡単に表を作ることができます。挿入した表をクリックすると2つのハンドルが表示されます。「表の移動」ハンドルは、**クリックすれば表全体を選択し、ドラッグすれば表全体を移動**します。「表のサイズ変更」ハンドルは、**表全体を均等に拡大や縮小**ができます。表全体の横幅を小さくした場合は、ページに対して中央揃えすることで文書内に美しく収まるでしょう。

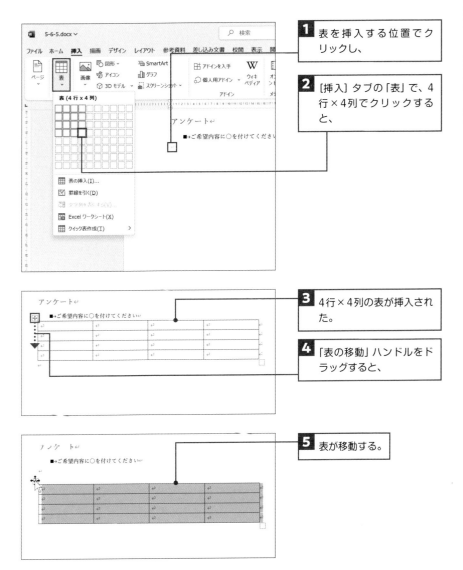

1 表を挿入する位置でクリックし、

2 [挿入] タブの「表」で、4行×4列でクリックすると、

3 4行×4列の表が挿入された。

4 「表の移動」ハンドルをドラッグすると、

5 表が移動する。

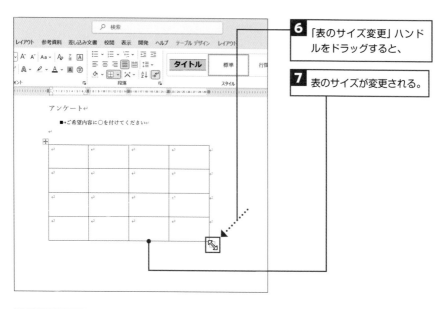

6 「表のサイズ変更」ハンドルをドラッグすると、

7 表のサイズが変更される。

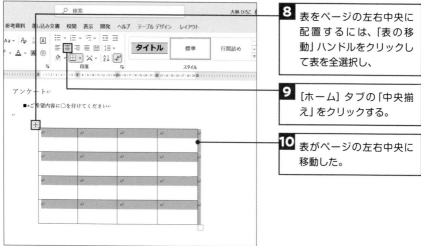

8 表をページの左右中央に配置するには、「表の移動」ハンドルをクリックして表を全選択し、

9 [ホーム] タブの「中央揃え」をクリックする。

10 表がページの左右中央に移動した。

知っておきたい!

表作成はWordとExcelのどっちを使うべき?

「WordとExcel、どっちで表を作ったらいいですか?」というご質問をよくいただきます。一概にはいえませんが、計算式が必要、または履歴書のように枠線を固定したいものにはExcelが向いています。しかしそれ以外ならば、断然Wordをおすすめします。セル内の文字数が変わっても自動で行高が調整されるのでラクですし、またExcelにはない「セルの分割」機能 (→P.163) で表のレイアウトが自由自在です。

〔 行列の挿入と削除 〕

　行列の挿入は表の左端（または上端）に表示される⊕**マークをクリック**します。
削除は選択した行か列を $\boxed{\text{Back space}}$ キーで消すことができます。

1 マウスポインターを表の
左端（または上端）に合わ
せ、表示される⊕マーク
をクリックすると、

2 行が挿入された。

3 行や列をドラッグで選択
した状態で $\boxed{\text{Back space}}$ キーを押
すと、削除される。

〔 行列の幅を変更する 〕

　マウスポインターを表の線上に合わせると形状が変わります。ドラッグするとセル
の行と列の幅が変更されます。ただし、幅を広げると隣のセルは狭くなってしまうの
で、**隣のセルの幅を変えたくない場合は、$\boxed{\text{Shift}}$ ＋ドラッグ**を使います。

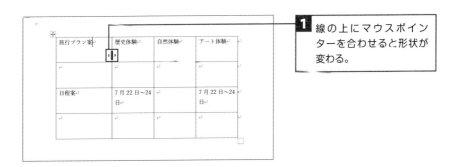

1 線の上にマウスポイン
ターを合わせると形状が
変わる。

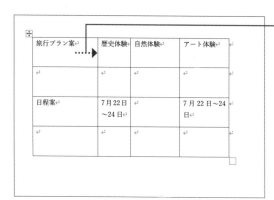

2 通常のドラッグだと、右側の列に干渉する形で、列幅が調整される。

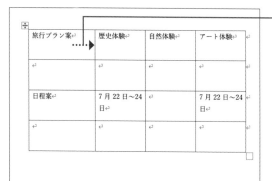

3 Shift ＋ドラッグだと、右側の列に干渉せず、列幅が広くなった。

Shift キーって便利

表の文字を中央揃えにしよう！

表の文字を中央揃えにすると、表のバランスが整い見やすくなるケースが多いです。中央揃えにするには、中央揃えにしたいセルを選択し、[レイアウト] タブの「中央揃え」をクリックします。

[レイアウト] タブは2つありますが、右側のタブを使います

〔 セルの結合と分割 〕

　Wordの表は、結合と分割の機能があることでさらに自由度が増します。[レイアウト] タブにある **「セルの結合」** と **「セルの分割」** で**カスタマイズ**しましょう。

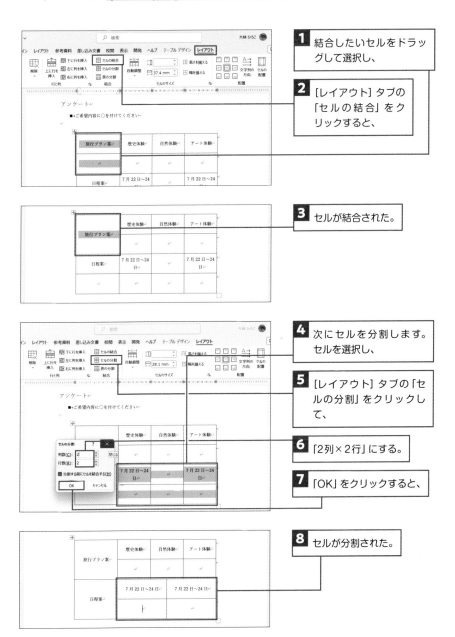

1 結合したいセルをドラッグして選択し、

2 [レイアウト] タブの「セルの結合」をクリックすると、

3 セルが結合された。

4 次にセルを分割します。セルを選択し、

5 [レイアウト] タブの「セルの分割」をクリックして、

6 「2列×2行」にする。

7 「OK」をクリックすると、

8 セルが分割された。

163

〔 テキストボックスを挿入する 〕

テキストボックスとは、その名前の通り「文字の箱」です。**横書きや縦書きの文字列を、好きな位置で作成する**ことができます。移動は、マウスポインターの形状が変わってからドラッグです。テキストボックスとその枠線には、色をつけることも、その枠線を消したり線種を変えたりすることもできます。

1 [挿入] タブの「テキストボックス」をクリックし、

2 「横書きテキストボックスの描画」をクリックする。

3 挿入位置でクリックすると、

4 テキストボックスが挿入される。

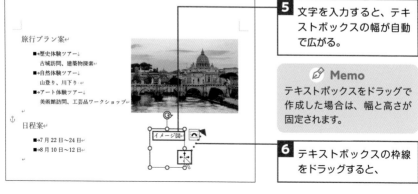

5 文字を入力すると、テキストボックスの幅が自動で広がる。

📝 Memo

テキストボックスをドラッグで作成した場合は、幅と高さが固定されます。

6 テキストボックスの枠線をドラッグすると、

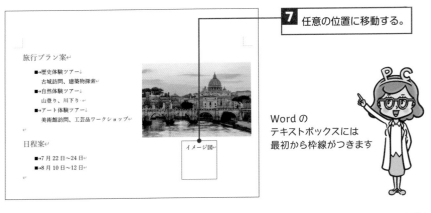

7 任意の位置に移動する。

Word の
テキストボックスには
最初から枠線がつきます

8 [図形の書式] タブの「図形の枠線」をクリックし、

9 「枠線なし」に設定すると、

10 枠線をなくすことができる。

🖋 **Memo**

テキストボックスに色を付ける場合は、[図形の書式] タブの「図形の塗りつぶし」から選択します。

Word 07 ステップアップのための 応用機能

〔 スタイルの作成 〕

「スタイル」とは、**フォントやフォントサイズ、インデントなど複数の書式をまとめたもの**です。たとえば、見出しがすべて同じ書式になっている文書は見やすく整った印象になりますが、そんなときにスタイルを使うことで、文書全体の見出しの書式を簡単に統一することができます。また、スタイルの書式を変更すれば、スタイルが設定されているすべての書式が一括で変更されます。

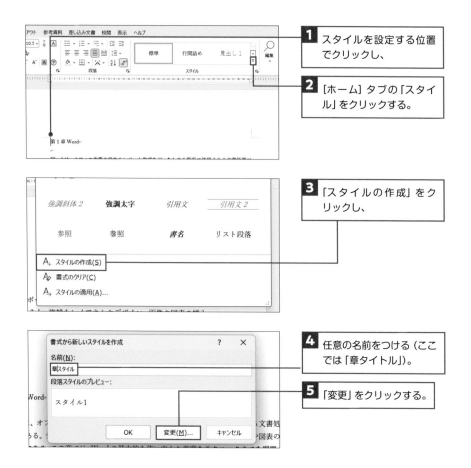

1 スタイルを設定する位置でクリックし、

2 [ホーム] タブの「スタイル」をクリックする。

3 「スタイルの作成」をクリックし、

4 任意の名前をつける (ここでは「章タイトル」)。

5 「変更」をクリックする。

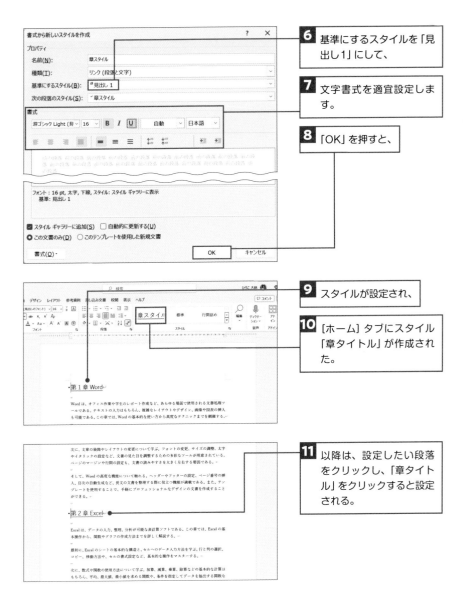

6 基準にするスタイルを「見出し1」にして、

7 文字書式を適宜設定します。

8 「OK」を押すと、

9 スタイルが設定され、

10 [ホーム] タブにスタイル「章タイトル」が作成された。

11 以降は、設定したい段落をクリックし、「章タイトル」をクリックすると設定される。

 知っておきたい！

✓ 「基準にするスタイル」とは？

スタイルを作成するときに「基準にするスタイル」を設定すると、書式設定の手間を省くことができます。今回は「見出し1」を基準のスタイルにしたので、「章タイトル」にも同じ書式が設定されました。基準となるスタイルを指定しない場合は「標準」となり、いちから新しいスタイルの書式を自分で設定していくことになります。

〔 改ページとセクション区切り 〕

Wordでは [Ctrl] + [Enter] キーを押すだけで簡単に「改ページ」が行えます。ページの終わりに設定しておけば、そのページでいくら行数が減ったとしても、次ページの文章が前にずれてくることはありません。

また文書のレイアウト変更は通常全体に反映されますが、一部分だけ別のレイアウトにしたい場合には **「セクション区切り」** で実現することができます。

◆ 改ページ

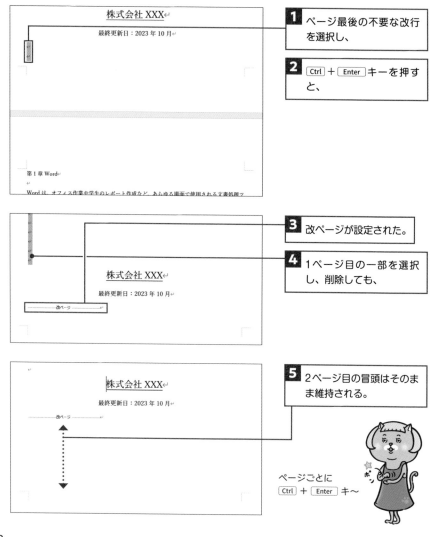

◆ セクション区切り

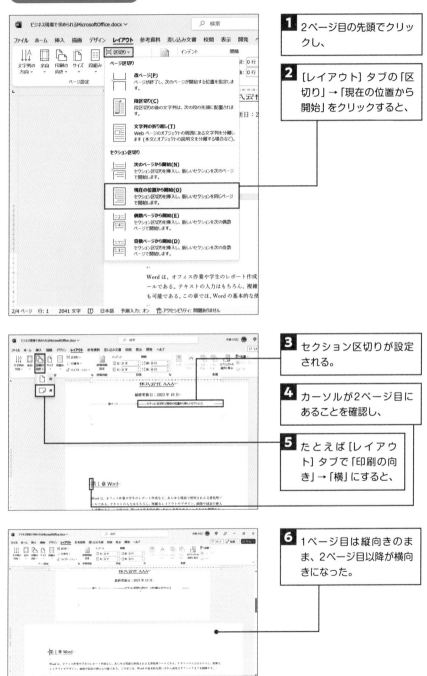

1 2ページ目の先頭でクリックし、

2 [レイアウト] タブの「区切り」→「現在の位置から開始」をクリックすると、

3 セクション区切りが設定される。

4 カーソルが2ページ目にあることを確認し、

5 たとえば [レイアウト] タブで「印刷の向き」→「横」にすると、

6 1ページ目は縦向きのまま、2ページ目以降が横向きになった。

〔 文章の段組み 〕

「段組み」とは、新聞や雑誌のように**文章を2つ以上の列に分けて表示する機能**です。文書の一部分を段組みにするだけでもレイアウトは締まり、1行が短くなって読みやすくなります。選択した範囲を段組みすると、その部分だけレイアウトが変更されるため、自動で前後に「セクション区切り」が挿入されます（バージョンによっては、自分でセクション区切りを前後に挿入する必要があります）。

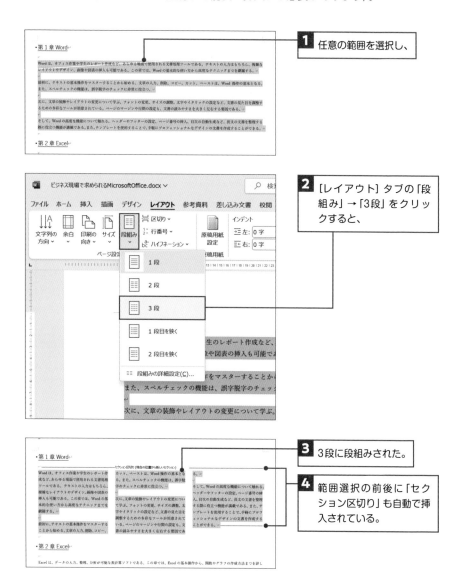

1 任意の範囲を選択し、

2 [レイアウト] タブの「段組み」→「3段」をクリックすると、

3 3段に段組みされた。

4 範囲選択の前後に「セクション区切り」も自動で挿入されている。

6

ラクして伝わる
PowerPoint

PowerPoint とは?

{ 「プレゼンテーション」ソフト }

PowerPointは、もっともメジャーな**プレゼンテーション（以下プレゼン）ソフト**です。プレゼンは、相手に行動（購入、決断、学びなど）してもらうために行います。紙芝居のように、視覚的な情報を1枚ずつ見せながら発表すると効果的です。ここではPowerPointの仕組みを理解し、プレゼン資料に必要な知識と基本操作をお伝えします。

{ 時間をかけず伝わる資料に }

「時間がかかる」「ゴチャゴチャして伝わらない」。これは私が400件以上のプレゼン資料を添削してきた中で多くいただくご相談です。どうも私たちはプレゼン資料に、**文字や図形などたくさんの情報を詰め込み過ぎてしまう**ようです。それらを見やすく並べるだけでも時間がかかってしまいます。

これから学ぶあなたには、**作成の手順を知り、効率の良い操作とデザインの法則**を身につけてほしいです。一朝一夕とはいきませんが、それが時間をかけずにラクして伝わる資料づくりの近道となるからです。

● 作るのに時間がかかるのに、伝わりづらい資料の例

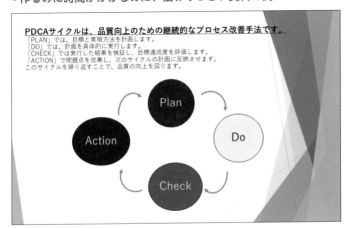

う〜む…

● シンプルに要点だけをまとめた資料の例

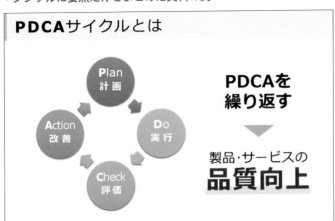

わかりやすいっ！

4つのキーワードで PowerPointを理解する

{ 「スライド」とは？ }

新規ファイルを開くと、白い大きな画用紙のようなものが表示されます。これを**「スライド」と呼び、PowerPointの1ページの単位**であり、紙芝居でいうと1枚の絵となります。画面の左側にはすべてのスライドがサムネイルで表示され、全体の流れを確認したり表示スライドを切り替えたりできます。

スライドづくりでは**「1スライド1メッセージ」**を徹底すると、見ている人に伝わりやすくなります。話す内容すべてを文字にせず、紙芝居のように「見せる」要素を持たせましょう。

● PowerPointの初期画面

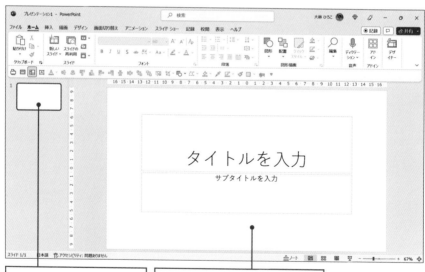

スライドのサムネイル：
表示スライドの切り替えや、
全体の流れの確認ができる

スライド：紙芝居でいうと1枚の絵

｛ 「レイアウト」とは？ ｝

　スライドには**11種類のレイアウト**が用意されていて、スライドごとに好きなレイアウトに変更することができます。たとえば「タイトルとコンテンツ」というレイアウトに切り替えると、スライドにタイトル枠とコンテンツ枠の2つの枠（正式名称：プレースホルダー）が点線で表示されます。タイトル枠に文字を入力すると、あらかじめ設定されている書式になります。レイアウトごとに枠の書式や位置が違うため、**適切なレイアウトを選ぶと効率のよいスライドづくりができます。**

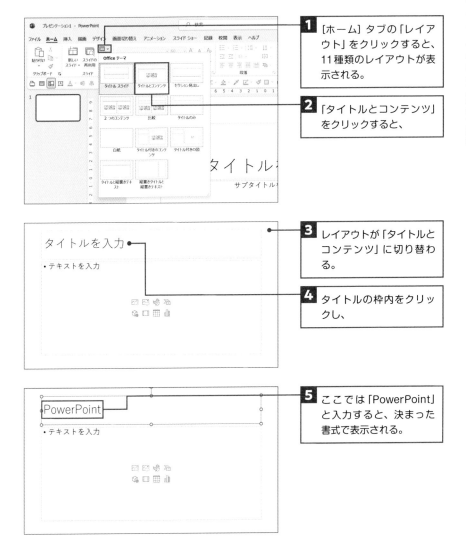

1 ［ホーム］タブの「レイアウト」をクリックすると、11種類のレイアウトが表示される。

2 「タイトルとコンテンツ」をクリックすると、

3 レイアウトが「タイトルとコンテンツ」に切り替わる。

4 タイトルの枠内をクリックし、

5 ここでは「PowerPoint」と入力すると、決まった書式で表示される。

「スライドマスター」とは？

　標準で用意されたレイアウトは、そのままでは少し物足りない印象です。そこで PowerPointの最強ツール **「スライドマスター」** の出番です。色の変更や会社のロゴの追加など、11種類のレイアウトを自由にカスタマイズできます。

　スライドマスターの画面では、1枚の親スライド（正式名称：スライドマスター）に11枚の子スライド（正式名称：レイアウトマスター）がぶら下がっています。親スライドの編集はすべての子スライドに適用されるので、**子スライドごとの編集がおすすめ**です。そのレイアウトを使った全スライドには、色の変更やロゴの追加などが一括で反映される仕組みです。

●スライドマスターの仕組み

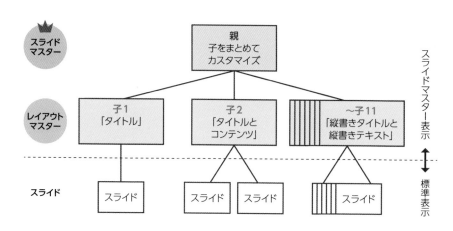

●実際のスライドマスターの画面

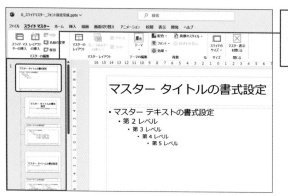

親スライドの下に11種類の子スライドがぶら下がっている。

スライドマスターはいつもとちがう画面なのね

{ 「オブジェクト」とは？ }

スライドには文字を入力するのが基本ですが、必要に応じて図形や画像などを追加することで伝わりやすいスライドになります。PowerPointでは**スライド上の一つひとつの部品を「オブジェクト」**と呼び、ほかにも表やグラフやSmartArt、動画や音声などを追加できます。

オブジェクトには「重ね順」があり、作った順番に積み重なっていきます。前面や背面に切り替えながら、Office共通の操作で編集します。マウスポインターの形状に気を付けながら、移動やサイズ変更などを行っていきましょう。

●**オブジェクトの種類の例**

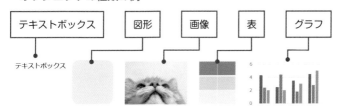

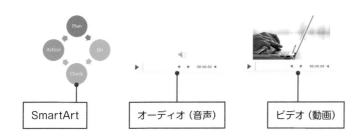

●**図形編集時の操作一覧**

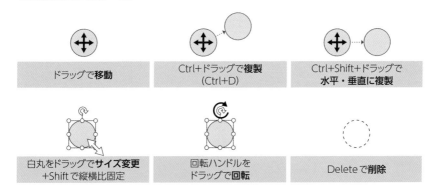

スライド作成の下準備

{ 作成の手順は？ }

スライドの作成は4つの手順で進めます。ポイントはパソコンを開く前に考えをまとめておくこと。考えることとパソコン操作を分けることで効率よく作業が進められます。

◆ (1) ゴール設定と全体の構成【準備】

はじめに「誰にどう行動してほしいか」というゴールを設定します。次に、ゴールにたどり着くために必要なステップで全体の構成を組み立て、**スライドごとに伝えたいメッセージ内容を準備**します。ここまでは**手書きがよい**でしょう。必要な資料や根拠となるデータも準備しておきます。

◆ (2) スライドマスターを編集する【操作】

配色を決めてスライドの型を作ります。フォントの変更や図形の挿入など、**資料全体の統一感**を大切にしましょう。会社や既存のテンプレート、後述するテーマを使う場合は不要な工程ですが、スライドマスターの仕組みは理解しておきたいところです。

◆ (3) スライドを作る【操作】

準備しておいた**(1) を (2) にはめこむ作業**です。必要なオブジェクトを追加し、使い回せるものは複製して再利用します。時短を意識して操作しましょう。

◆ (4) 完成したスライドをブラッシュアップ【操作】

スライドをシンプルに仕上げます。**引き算を意識**し、重複ワードや同意語、意図のないイラストなどは思い切って削除しましょう。最後に、スライドごとのメッセージは明確か、全体の流れは適切か、最終確認をします。

﹇ 配色の決め方 ﹈

　資料で使う色は**3色に抑える**ことで、スライド全体がまとまります。1つ目のメインになる色は、**企業カラーや商品のイメージカラー**など目的に合った色がいいですね。2つ目は強調したいところに、**メインカラーの補色に近い色**を使います。補色とは、下図の「色相環」の反対側にある色で、たとえば青なら橙、緑なら赤紫になります。アクセントとなり強調効果が高まります。3つ目はスライド背景色で、**最初は白が無難**です。配色を決めておくことで、資料作成中にどの色を使おうかと悩む時間もなくなります。

● **色相環から補色を確認**

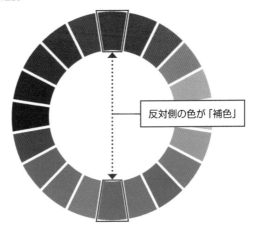

反対側の色が「補色」

● **強調部分を同系色と補色で比較すると？**

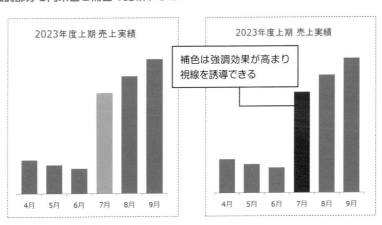

補色は強調効果が高まり
視線を誘導できる

スライドマスターを編集する

　スライドマスターは、通常の「標準」表示から**「スライドマスター」表示**へ切り替えて操作します。ここでは一例として「タイトルとコンテンツ」レイアウトをカスタマイズしていきます。タイトル枠の文字サイズや位置を変更し、目立つようにタイトル枠の下に図形で線を引きます。図形の操作については後述しますが、スライドマスターの編集の流れを確認していきましょう。

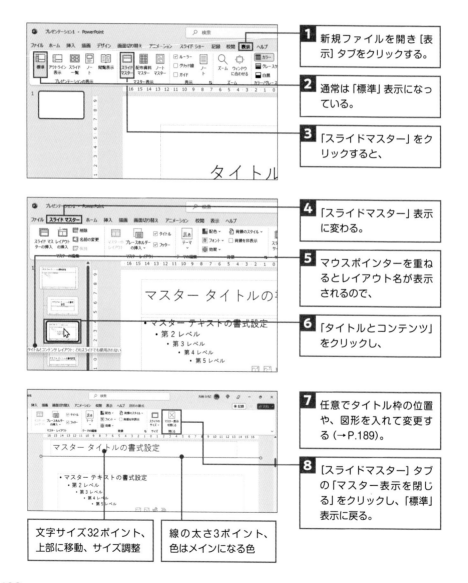

1 新規ファイルを開き［表示］タブをクリックする。

2 通常は「標準」表示になっている。

3 「スライドマスター」をクリックすると、

4 「スライドマスター」表示に変わる。

5 マウスポインターを重ねるとレイアウト名が表示されるので、

6 「タイトルとコンテンツ」をクリックし、

7 任意でタイトル枠の位置や、図形を入れて変更する（→P.189）。

8 ［スライドマスター］タブの「マスター表示を閉じる」をクリックし、「標準」表示に戻る。

文字サイズ32ポイント、上部に移動、サイズ調整

線の太さ3ポイント、色はメインになる色

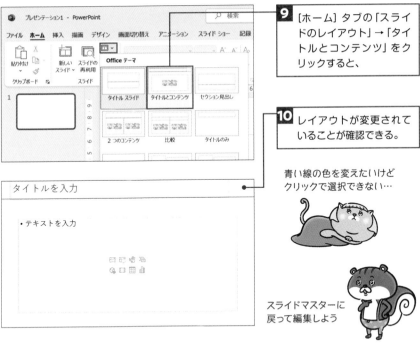

9 [ホーム] タブの「スライドのレイアウト」→「タイトルとコンテンツ」をクリックすると、

10 レイアウトが変更されていることが確認できる。

青い線の色を変えたいけどクリックで選択できない…

スライドマスターに戻って編集しよう

知っておきたい!

他のレイアウトのデザインも統一する

今回のようにタイトル枠を変更したときは、他のレイアウトにもコピーするとスライド全体の統一感が出ます。資料の内容にもよりますが、一例として参考にしてみてください。

● スライドマスター編集の例

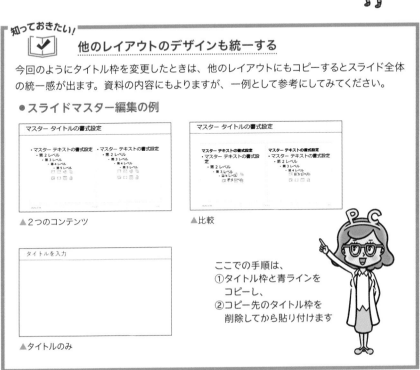

▲2つのコンテンツ

▲比較

▲タイトルのみ

ここでの手順は、
①タイトル枠と青ラインをコピーし、
②コピー先のタイトル枠を削除してから貼り付けます

181

スライドマスターのフォント設定

　PowerPointではファイル全体に対してフォントを設定します。既定フォントの「游ゴシック」も良いですが、より太さがある**「メイリオ」**は、読みやすく大変おすすめです。ここではフォントの一覧に「メイリオ（日本語）× Verdana（英数）」を登録します。一度登録しておけば次からはフォント一覧から選べるようになります。

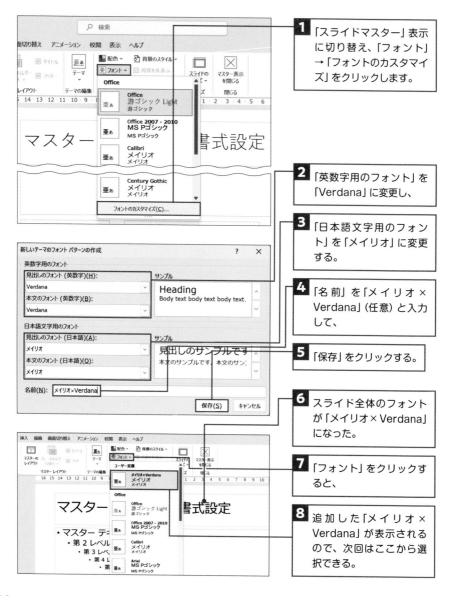

1 「スライドマスター」表示に切り替え、「フォント」→「フォントのカスタマイズ」をクリックします。

2 「英数字用のフォント」を「Verdana」に変更し、

3 「日本語文字用のフォント」を「メイリオ」に変更する。

4 「名前」を「メイリオ×Verdana」（任意）と入力して、

5 「保存」をクリックする。

6 スライド全体のフォントが「メイリオ×Verdana」になった。

7 「フォント」をクリックすると、

8 追加した「メイリオ×Verdana」が表示されるので、次回はここから選択できる。

知っておきたい！

テーマを活用する

テーマとは、スライドの背景や色やフォントなどをまとめて設定できる機能です。「スライドマスターの編集」をしなくても簡単にデザインが設定される便利な機能ですが、テーマには賑やかなデザインのものが多く、スライドがわかりづらくなる要因にもなっています。活用する場合はシンプルなものを選びましょう。

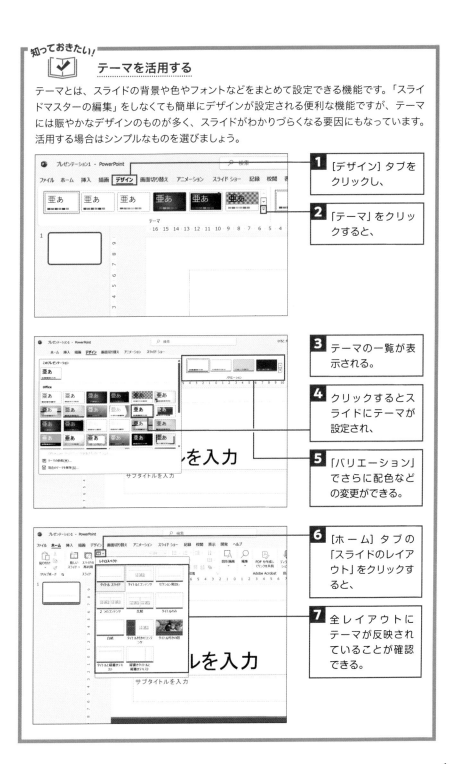

1 [デザイン] タブをクリックし、

2 「テーマ」をクリックすると、

3 テーマの一覧が表示される。

4 クリックするとスライドにテーマが設定され、

5 「バリエーション」でさらに配色などの変更ができる。

6 [ホーム] タブの「スライドのレイアウト」をクリックすると、

7 全レイアウトにテーマが反映されていることが確認できる。

183

スライド作成の操作

PowerPoint
04

〔 表紙を作る 〕

　PowerPointを開くと、初期設定で「タイトルスライド」が表示されます。この「タイトルスライド」を使って表紙を作りましょう。枠内には**タイトルや日付、発表者など**必要な情報を入力します。先方の会社名や会議名などが必要な情報は、後述するテキストボックスを使って追加しましょう。

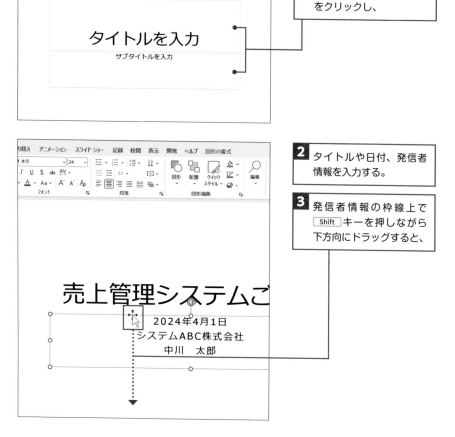

1 「タイトル」スライドの枠をクリックし、

2 タイトルや日付、発信者情報を入力する。

3 発信者情報の枠線上で Shift キーを押しながら下方向にドラッグすると、

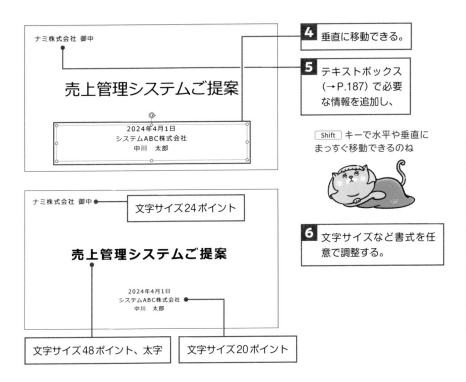

スライドの追加と編集

　ここでは「タイトルとコンテンツ」のスライドを追加してみましょう。同じようなスライドを作るときは、**完成したスライドを元に増やしていくと時短**になります。右クリックのメニュー（または ⌨Ctrl + D キー）からスライドを複製します。

　また画面左側のサムネイルは、ドラッグでスライドの順番が入れ替わります。不要なスライドは ⌨Delete キーで削除できます。

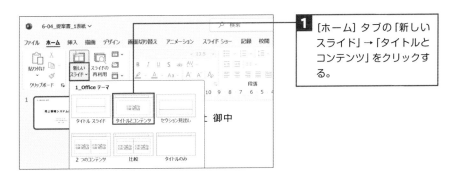

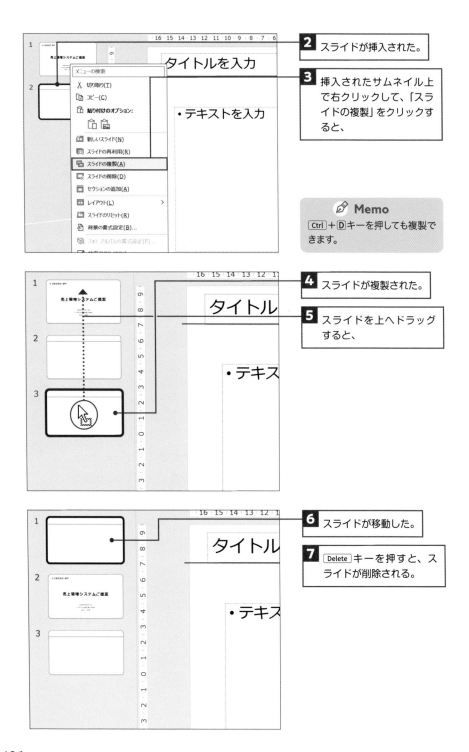

タイトルを入力

2 スライドが挿入された。

3 挿入されたサムネイル上で右クリックして、「スライドの複製」をクリックすると、

・テキストを入力

📝 **Memo**

Ctrl + D キーを押しても複製できます。

4 スライドが複製された。

タイトル

5 スライドを上へドラッグすると、

・テキス

6 スライドが移動した。

タイトル

7 Delete キーを押すと、スライドが削除される。

・テキス

186

テキストボックスを挿入する

テキストボックスの挿入は、Wordと同じく**任意の位置に文字を入力**できます。このとき、テキストボックスをクリックで作成すると文字量に合わせてボックスのサイズが自動調整されますが、ドラッグで作成するとボックスのサイズが固定されるため、再調整のひと手間が必要になってしまいます。

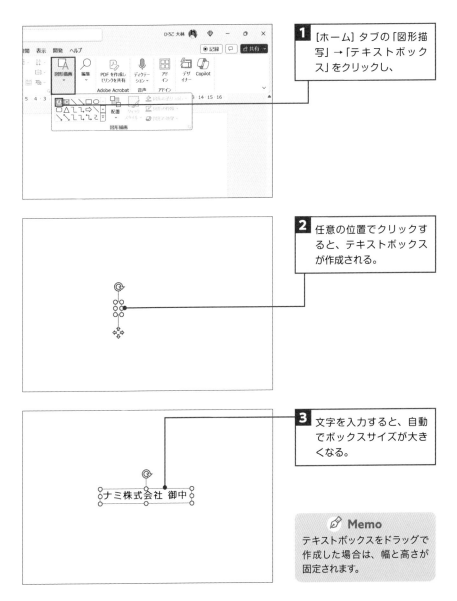

1 [ホーム] タブの「図形描写」→「テキストボックス」をクリックし、

2 任意の位置でクリックすると、テキストボックスが作成される。

3 文字を入力すると、自動でボックスサイズが大きくなる。

ナミ株式会社 御中

✒ Memo
テキストボックスをドラッグで作成した場合は、幅と高さが固定されます。

〔 箇条書きを設定する 〕

　スライドには文章を入力するのでなく、箇条書きでまとめると要点が伝わりやすくなります。箇条書きは、**Tab キーを押すと1つ下に階層化**することができ、情報を整理できます。Shift + Tab キーで1つ上の階層に戻ります。

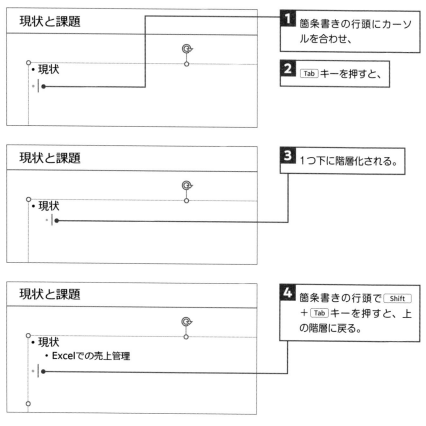

1	箇条書きの行頭にカーソルを合わせ、
2	Tab キーを押すと、
3	1つ下に階層化される。
4	箇条書きの行頭で Shift + Tab キーを押すと、上の階層に戻る。

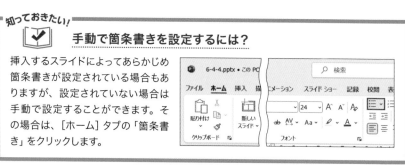

{ 図形を挿入／編集する }

図形はドラッグしたサイズで作成されます。このとき Shift キーを押しながらドラッグすると、正円や正方形になります。線の場合は水平または垂直に引くことができます。

図形を選択するとメニューには「図形の書式」タブが表示され、ここから編集が行えるようになります。またサイズ変更や移動にはマウス操作（→P.177）が、削除するには Delete キーが早いです。図形をクリックすると、直接文字を入力することもできます。

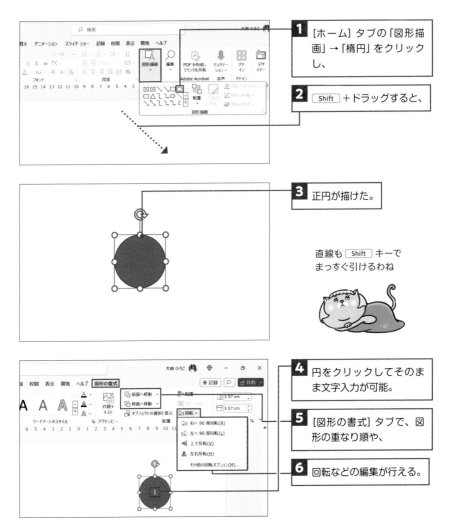

1 [ホーム] タブの「図形描画」→「楕円」をクリックし、

2 Shift ＋ドラッグすると、

3 正円が描けた。

直線も Shift キーで
まっすぐ引けるわね

4 円をクリックしてそのまま文字入力が可能。

5 [図形の書式] タブで、図形の重なり順や、

6 回転などの編集が行える。

図形の塗りつぶしと線を設定する

挿入した図形は、メニューから塗りつぶしや枠線の色を変更できます。塗りつぶした図形は、**枠線がない方がスッキリとした印象**になります。また、はじめから塗りつぶしや枠線などの組み合わせが設定されている**「クイックスタイル」**という便利な機能もあります。

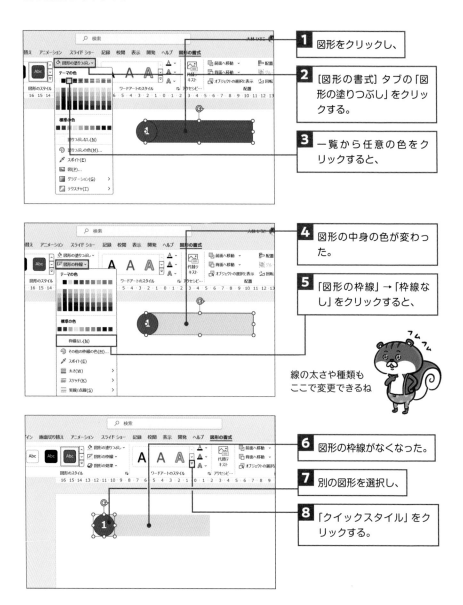

1 図形をクリックし、

2 [図形の書式] タブの「図形の塗りつぶし」をクリックする。

3 一覧から任意の色をクリックすると、

4 図形の中身の色が変わった。

5 「図形の枠線」→「枠線なし」をクリックすると、

線の太さや種類もここで変更できるね

6 図形の枠線がなくなった。

7 別の図形を選択し、

8 「クイックスタイル」をクリックする。

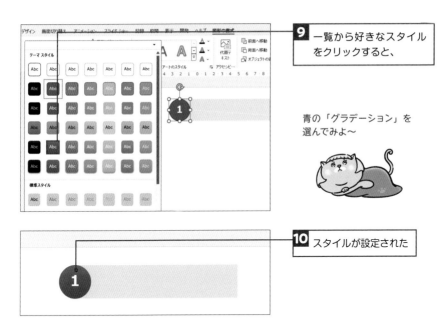

9 一覧から好きなスタイル
をクリックすると、

青の「グラデーション」を
選んでみよ〜

10 スタイルが設定された

知っておきたい！

☑ 図形の選択で困ったら

図形がほかの図形の背面に隠れてしまうと選択できなくなりますが、 Tab キーを使えば
解決します。 Tab キーを押すと、図形を1つずつ選択していくことができます。また図形
の複数選択には、 Shift キー＋クリックか、ドラッグで図形全体を囲みます。

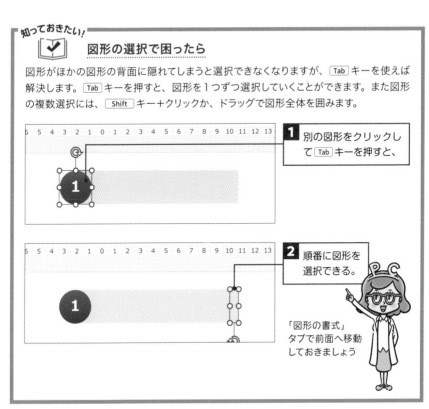

1 別の図形をクリックし
て Tab キーを押すと、

2 順番に図形を
選択できる。

「図形の書式」
タブで前面へ移動
しておきましょう

図形をグループ化する

複数の図形をまとめてサイズ変更すると、全体のバランスがくずれてしまいますが、グループ化すると、1つの図形として**位置関係を保ったまま移動やサイズ変更ができる**ようになります。

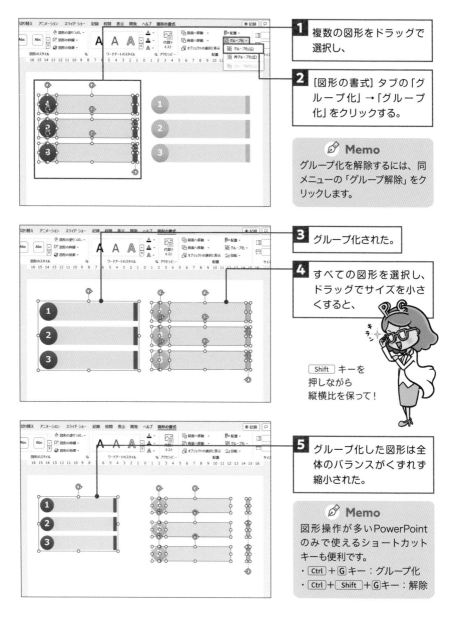

1 複数の図形をドラッグで選択し、

2 [図形の書式] タブの「グループ化」→「グループ化」をクリックする。

✐ **Memo**
グループ化を解除するには、同メニューの「グループ解除」をクリックします。

3 グループ化された。

4 すべての図形を選択し、ドラッグでサイズを小さくすると、

Shift キーを
押しながら
縦横比を保って！

5 グループ化した図形は全体のバランスがくずれず縮小された。

✐ **Memo**
図形操作が多いPowerPointのみで使えるショートカットキーも便利です。
・Ctrl + G キー：グループ化
・Ctrl + Shift + G キー：解除

{ 画像の挿入とトリミング }

　画像の挿入は、[挿入] タブから行えるほか (→P.156)、エクスプローラーで画像ファイルを直接 Ctrl + C でコピーして、PowerPoint上で Ctrl + V で貼り付けることもできます。挿入した画像は、**必要な部分だけをトリミング**して切り抜くことができます。

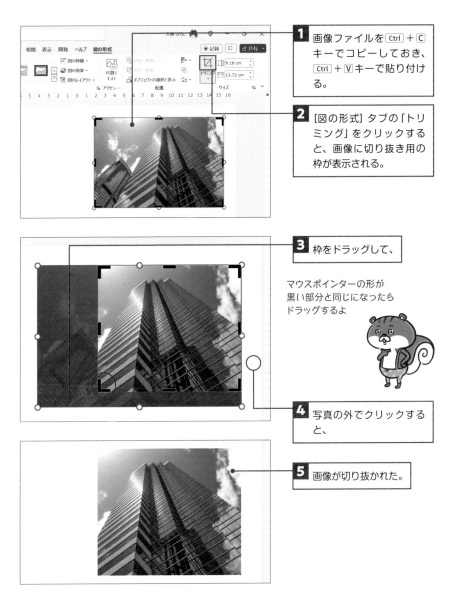

1 画像ファイルを Ctrl + C キーでコピーしておき、Ctrl + V キーで貼り付ける。

2 [図の形式] タブの「トリミング」をクリックすると、画像に切り抜き用の枠が表示される。

3 枠をドラッグして、

マウスポインターの形が黒い部分と同じになったらドラッグするよ

4 写真の外でクリックすると、

5 画像が切り抜かれた。

〔 揃うと見やすい配置機能 〕

オブジェクトの位置が揃っていると、情報が整理されて伝わりやすくなります。ドラッグで揃えると時間がかかりますので、**「配置」機能**を活用しましょう。オブジェクトをスライドの左右や上下の中央に揃えることも、複数のオブジェクトの高さを揃え等間隔に並べることもできる本当に便利な機能です。

◆ 単一のオブジェクトを整列する

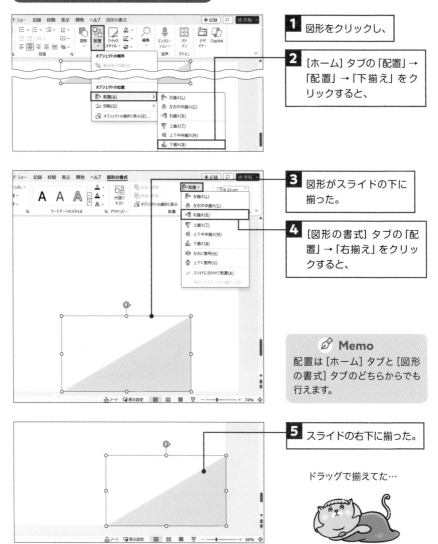

1 図形をクリックし、

2 [ホーム] タブの「配置」→「配置」→「下揃え」をクリックすると、

3 図形がスライドの下に揃った。

4 [図形の書式] タブの「配置」→「右揃え」をクリックすると、

> ✎ **Memo**
> 配置は [ホーム] タブと [図形の書式] タブのどちらからでも行えます。

5 スライドの右下に揃った。

ドラッグで揃えてた…

194

◆ 複数のオブジェクトを整列する

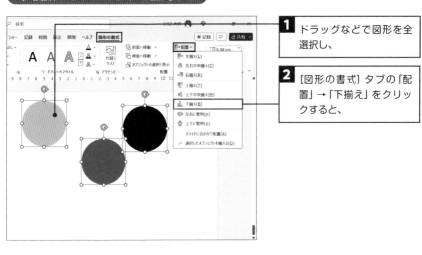

1 ドラッグなどで図形を全選択し、

2 [図形の書式] タブの「配置」→「下揃え」をクリックすると、

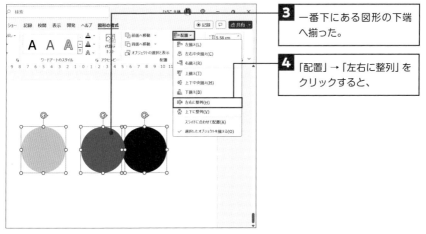

3 一番下にある図形の下端へ揃った。

4 「配置」→「左右に整列」をクリックすると、

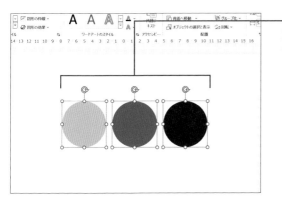

5 左端、右端にある図形の間で、左右に整列した。

これはラクちん♪

〔 PDFで保存する 〕

PowerPointなどOfficeファイルで作成した資料はPDF形式で保存することができます。PDF形式にするメリットはたくさんあります。**レイアウトが崩れない、Officeを持っていない人でも開ける、勝手に修正を加えられることなく情報を共有できる**などです。メールに資料を添付するときなどに、よく使われます。

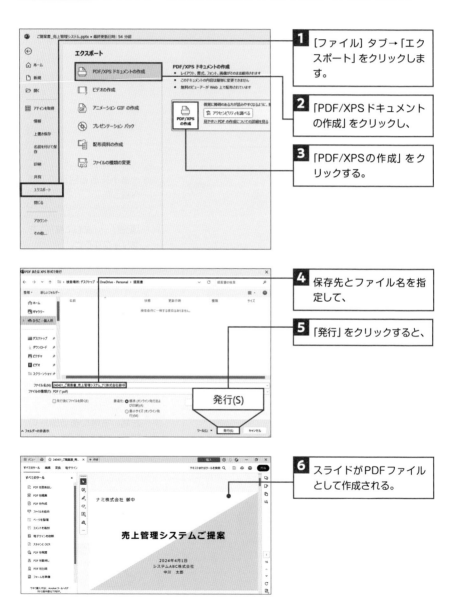

1 [ファイル] タブ→「エクスポート」をクリックします。

2 「PDF/XPSドキュメントの作成」をクリックし、

3 「PDF/XPSの作成」をクリックする。

4 保存先とファイル名を指定して、

5 「発行」をクリックすると、

6 スライドがPDFファイルとして作成される。

〔 印刷する 〕

　PowerPointの印刷レイアウトは豊富です。たとえば聞き手にメモを取ってもらいたいときは「3スライド」にして、手元の参照用にスライドを多く見せたいときは「4スライドで横向き両面印刷」にするなど、目的に応じて使い分けましょう。また、設定は必ず確認してください。1枚の用紙に複数スライドを印刷するときは**「スライドに枠を付けて印刷する」**をオンにしたほうが見やすいです。また、オブジェクトに「影」を設定している場合は「高品質」をオンにしないと印刷されません。

1 [ファイル] タブ→「印刷」をクリックする。

✍ **Memo**
Ctrl + P キーを押しても「印刷」画面が表示されます。

2 「フルページサイズのスライド」をクリックし、

3 ここでは「4スライド（横）」をクリックする。

4 この3つにチェックが付いていることを確認する。

5 印刷の面を設定し、「横方向」を選択する。

6 最後に「印刷」をクリックすると印刷される。

PowerPoint
05

便利な時短テクニック

〔 クイックアクセスツールバーで時短 〕

画面上部にある「クイックアクセスツールバー」には、よく使う機能を登録することができ、**登録した機能はワンクリックで使うことが可能**です。WordやExcelでも設定できますが、細かい作業の多いPowerPointでは、大きな時短の要となります。「配置」や「テキストボックス」をはじめ、追加しておくと便利な機能を一部ご紹介します。

●クイックアクセスツールバーに登録すると便利な機能

・配置
・テキストボックス
・図形
・図形の塗りつぶし
・スポイトによる塗りつぶし
・図形の枠線
・フォントの色
・最前面へ移動
・最背面へ移動
・スライドマスター表示
・標準表示
・PDFまたはXPS

クイックアクセスツールバーの
右端にあるボタンをクリックして
「その他のコマンド」を開くと
メニューにないボタンも追加できます

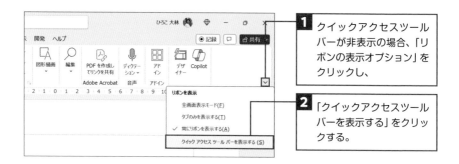

1 クイックアクセスツールバーが非表示の場合、「リボンの表示オプション」をクリックし、

2 「クイックアクセスツールバーを表示する」をクリックする。

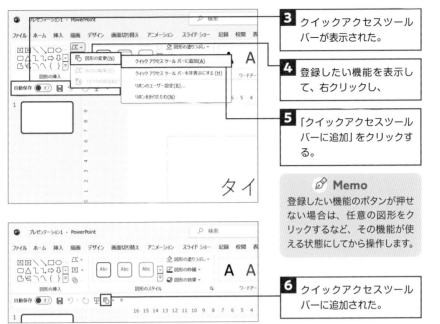

3 クイックアクセスツールバーが表示された。

4 登録したい機能を表示して、右クリックし、

5 「クイックアクセスツールバーに追加」をクリックする。

6 クイックアクセスツールバーに追加された。

{ SmartArtを活用する }

組織図や手順書などを図形で作ると大変ですが、SmartArtを使えばとても簡単です。**180種類以上のレイアウトから目的に合ったものを選ぶ**だけですし、項目の追加や削除、色やスタイルの変更なども可能です。また、SmartArtのサイズを変更すれば自動的に全体のバランスや文字サイズが調整されます。

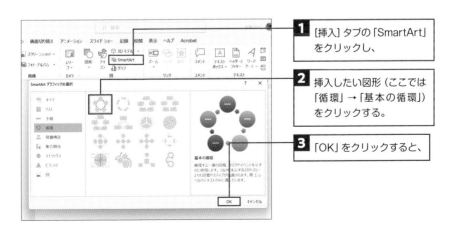

1 [挿入]タブの「SmartArt」をクリックし、

2 挿入したい図形（ここでは「循環」→「基本の循環」）をクリックする。

3 「OK」をクリックすると、

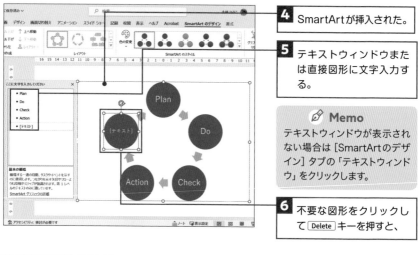

4 SmartArtが挿入された。

5 テキストウィンドウまたは直接図形に文字入力する。

> ✐ **Memo**
> テキストウィンドウが表示されない場合は [SmartArtのデザイン] タブの「テキストウィンドウ」をクリックします。

6 不要な図形をクリックして Delete キーを押すと、

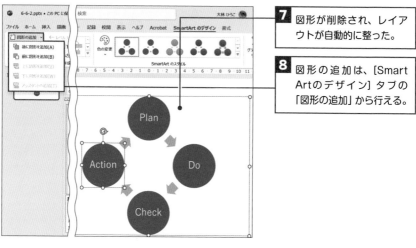

7 図形が削除され、レイアウトが自動的に整った。

8 図形の追加は、[SmartArtのデザイン] タブの「図形の追加」から行える。

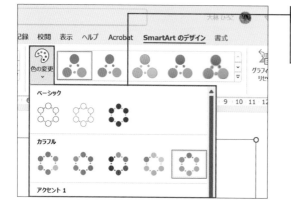

9 [SmartArtのデザイン] タブの「色の変更」で色の変更や、

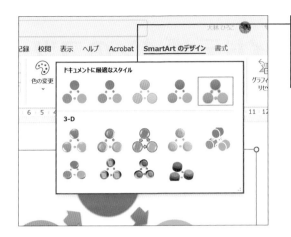

10 [SmartArtのデザイン]タブの「クイックスタイル」でスタイルの変更ができる。

かんた～ん

知っておきたい！

✔ SmartArtを使うときの注意点

SmartArtは自動的に全体のバランスや文字サイズを調整します。このとき、1つの部品だけを変更してしまうと全体のバランスが崩れてしまいますので気をつけましょう。SmartArtを使う場合は、SmartArtに任せることが大切です。

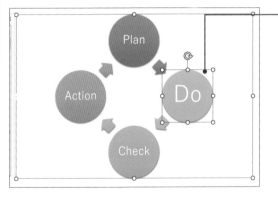

1 1つの図形だけ文字サイズを変更し、SmartArt全体のサイズを小さくすると、

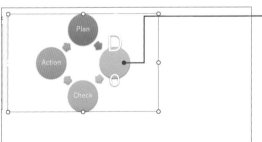

2 手を加えた図形の文字サイズが自動調整されなくなってしまう。

スライドデザインのコツ

{ デザインの法則 }

デザインセンスがないからPowerPointは苦手・・・？そんなことはありません。セ
ンスがなくても、聞き手がわかりやすいスライドは、デザインの法則を知れば誰にで
も作れるようになります。ここでは**初心者が押さえておきたい3つのポイント**を
お伝えします。

> A. 色の明るさと暗さの差（コントラスト）をつける
> B. 情報は枠や余白で整理する（グルーピング）
> C. 文字よりも画像や図解で説明する

{ 残念なデザインを伝わるデザインへ }

先述のポイントをふまえ、下図の「残念なデザイン」を見てください。色々と気にな
るところがありませんか。スライドタイトルは「情報伝達にかかる時間の比較」です。
人が口頭で情報を伝えるときと、Instagramで発信したときの伝達時間を比較してい
ます。ここでは一つずつ「伝わるデザイン」へブラッシュアップしていきましょう。

● 残念なデザイン

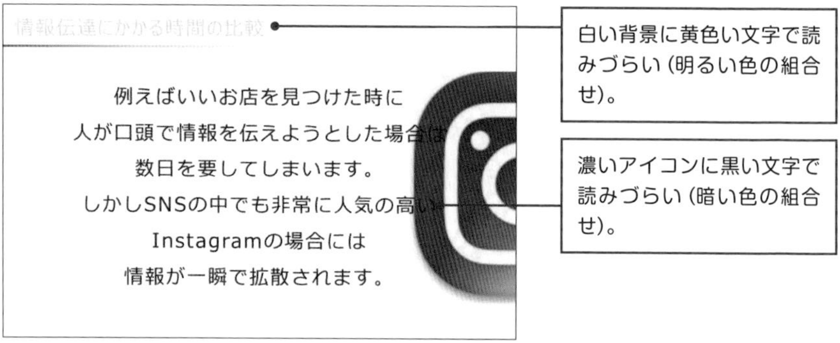

情報伝達にかかる時間の比較

例えばいいお店を見つけた時に
人が口頭で情報を伝えようとした場合は
数日を要してしまいます。
しかしSNSの中でも非常に人気の高い
Instagramの場合には
情報が一瞬で拡散されます。

> 白い背景に黄色い文字で読
> みづらい（明るい色の組合
> せ）。

> 濃いアイコンに黒い文字で
> 読みづらい（暗い色の組合
> せ）。

●A. 色の明るさと暗さの差をつける

情報伝達にかかる時間の比較

例えばいいお店を見つけた時に
人が口頭で情報を伝えようとした場合は
数日を要してしまいます。
しかしSNSの中でも非常に人気の高い
Instagramの場合には
情報が一瞬で拡散されます。

タイトルの黄色い文字を黒色で統一し、アイコンの明度を上げた。しかし、まだ内容が伝わりづらい……。

📝 **Memo**
明度の調整は［図の形式］タブの「修整」から行えます。

●B. 情報は枠や余白で整理する

情報伝達にかかる時間の比較

例えばいいお店を見つけた時に人が口頭で情報を伝えようとした場合は数日を要してしまいます。

しかしSNSの中でも非常に人気の高いInstagramの場合には情報が一瞬で拡散されます。

2つの情報を、枠を使って整理することで比較しやすくした。しかし、まだ文字が多い……。

●C. 文字よりも画像や図解で説明する

情報伝達にかかる時間の比較

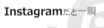

要点を見出しで伝え、文字をイラストにしたことで、見て伝わるスライドになった！

一目でわかるね

プレゼンをする

PowerPoint **07**

いかに相手の脳を疲れさせないか

人には、動いているものに無意識に目がいき、それを追う習性があります。そして**視線は上から下へ、左から右が自然な流れ**です。そのためモニターの文字が下方向からどんどん出てくる、話している間にマウスポインターが常に動いているなどすると、少し疲れてしまいます。オブジェクトの動きは最低限に、マウスポインターはピタッと止めるなど、聞き手に負担の少ない動きを心がけましょう。

アニメーションの設定と解除

PowerPointには、スライド上のオブジェクトに動きをつけるアニメーション機能があります。プレゼンの進行に合わせて文字や画像を出現させることで、聞き手は目と耳からの情報が一致し、話が理解しやすくなります。多用は禁物ですが、ここではビジネスシーンで使えるアニメーション**「フェード」**をご紹介します。フワッと文字があらわれるシンプルな動きで、箇条書きを1つずつ表示していくこともできます。

1 [アニメーション] タブの「アニメーションウィンドウ」をクリックすると、

2 アニメーションの設定内容がわかるアニメーションウィンドウが表示される。

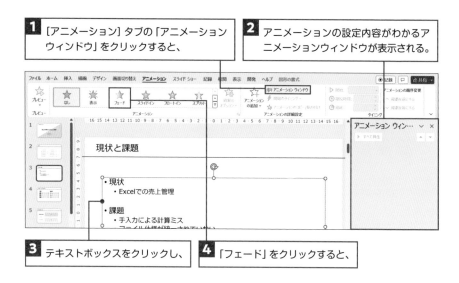

3 テキストボックスをクリックし、

4 「フェード」をクリックすると、

5 設定したアニメーションが表示され、

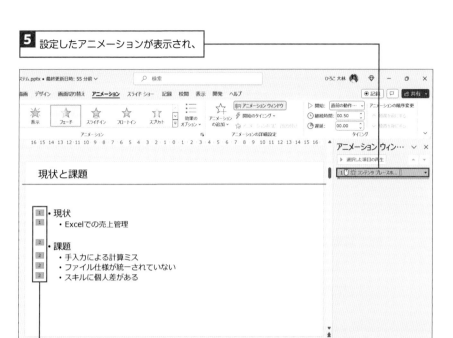

6 箇条書きが段落ごとに表示される設定ができた。

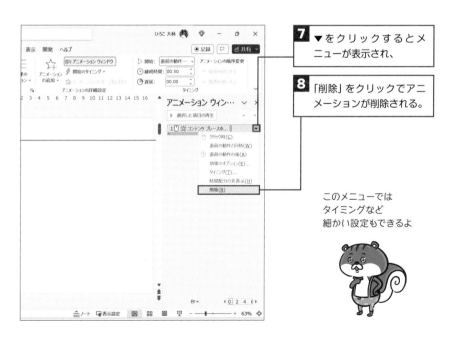

7 ▼をクリックするとメニューが表示され、

8 「削除」をクリックでアニメーションが削除される。

このメニューでは
タイミングなど
細かい設定もできるよ

{ スライドショーの基本操作 }

　スライドショーとは、作成したスライドを全画面で順番に表示する機能です。 F5 キーでスライドショー開始、 Shift ＋ F5 キーで現在のスライドからスライドショーを開始できます。次のスライドへ進むときは→キーを使うと、戻るときも←キーでスムーズに操作できます。スライドショーは Esc キーで解除できます。

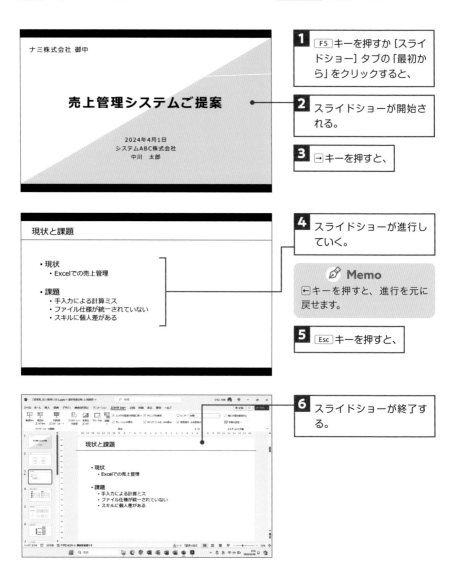

1 F5 キーを押すか [スライドショー] タブの「最初から」をクリックすると、

2 スライドショーが開始される。

3 →キーを押すと、

4 スライドショーが進行していく。

✎ **Memo**
←キーを押すと、進行を元に戻せます。

5 Esc キーを押すと、

6 スライドショーが終了する。

{ 話す内容をノートにまとめる }

　スライドの「ノート」には話す内容を書き込んでおくことができます。プレゼン時に見ることで伝えモレをなくせますし、スライドに情報を詰め込む必要もなくなりますね。**箇条書きでシンプルに書く**のがおすすめです。スライドショーを開始すると話し手の画面は**「発表者ツール」**となり、ノートの内容などが表示されます。聞き手にはスライドショーの画面しか見えません。

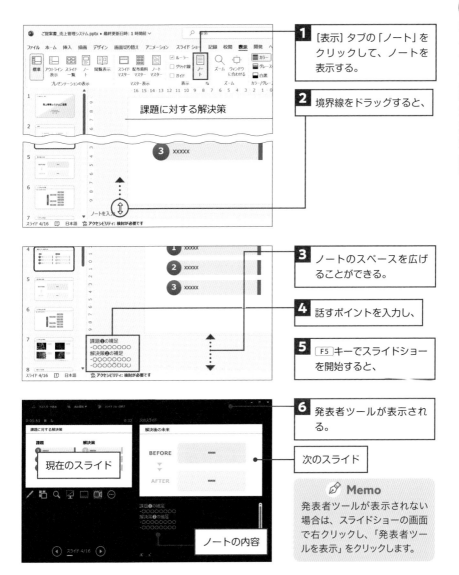

1 [表示] タブの「ノート」をクリックして、ノートを表示する。

2 境界線をドラッグすると、

3 ノートのスペースを広げることができる。

4 話すポイントを入力し、

5 F5 キーでスライドショーを開始すると、

6 発表者ツールが表示される。

次のスライド

ノートの内容

📝 Memo
発表者ツールが表示されない場合は、スライドショーの画面で右クリックし、「発表者ツールを表示」をクリックします。

PowerPoint 08 ステップアップのための応用機能

〔 作成したレイアウトをテーマに登録する 〕

ここではステップアップとして、**スライドマスターで作ったレイアウトをテーマ（→P.183）に登録する方法**をお伝えします。よく使うデザインを登録すれば、毎回スライドマスターを準備する手間がなくなります。

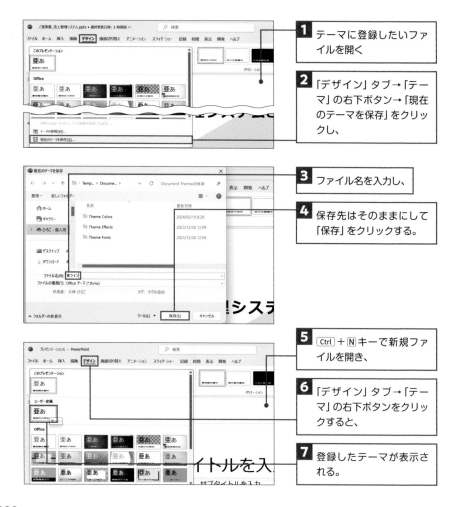

1 テーマに登録したいファイルを開く

2 「デザイン」タブ→「テーマ」の右下ボタン→「現在のテーマを保存」をクリックし、

3 ファイル名を入力し、

4 保存先はそのままにして「保存」をクリックする。

5 Ctrl＋Nキーで新規ファイルを開き、

6 「デザイン」タブ→「テーマ」の右下ボタンをクリックすると、

7 登録したテーマが表示される。

7

スッキリ快適にする
環境づくり

マウスとキーボードを使いやすくする

[マウスポインターが大きく動くようにする]

マウスが動いた距離の単位はご存知でしょうか？実は「ミッキー」です。冗談のようですがミッキーマウスにちなんで名づけられたそうです（ちなみに、1ミッキー＝0.01インチ＝0.25ミリです）。そうなると私たちは毎日、何万ミッキーもマウスを動かしていることになりますが、Windowsでは**少しマウスを動かしただけで、大きくマウスポインターが動くように設定する**ことができます。腕や肩にも負担がかからないよう、手元のマウス操作をラクにしましょう。

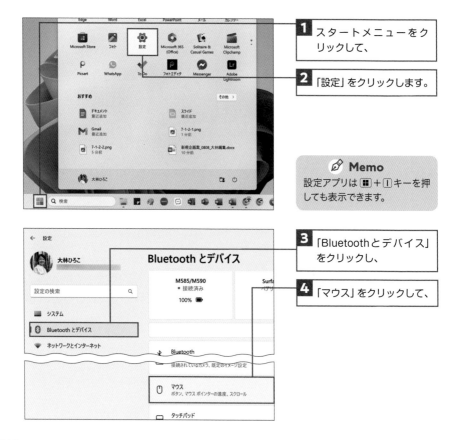

1 スタートメニューをクリックして、

2 「設定」をクリックします。

> ✏️ **Memo**
> 設定アプリは ⊞ ＋ Ⅰ キーを押しても表示できます。

3 「Bluetoothとデバイス」をクリックし、

4 「マウス」をクリックして、

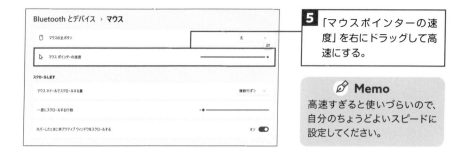

5 「マウスポインターの速度」を右にドラッグして高速にする。

✏️ **Memo**

高速すぎると使いづらいので、自分のちょうどよいスピードに設定してください。

｛ キーボードを高速化する ｝

キーボードを高速化することもできます。たとえば Back space キーを押し続けて文字を消していくとき、1文字目が消えたあと、2文字目が消える前に短い間ができているのにお気づきでしょうか。このような少しの間をなくすことができます。

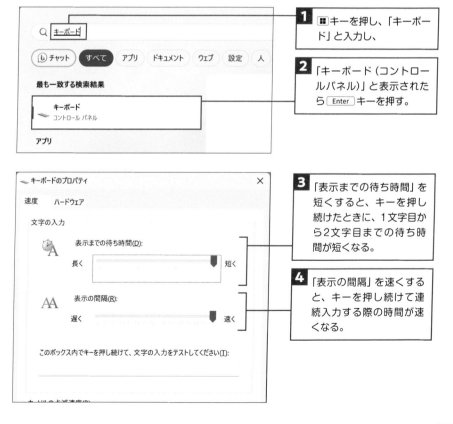

1 ⊞ キーを押し、「キーボード」と入力し、

2 「キーボード（コントロールパネル）」と表示されたら Enter キーを押す。

3 「表示までの待ち時間」を短くすると、キーを押し続けたときに、1文字目から2文字目までの待ち時間が短くなる。

4 「表示の間隔」を速くすると、キーを押し続けて連続入力する際の時間が速くなる。

02 入力でラクをする方法

{ 単語登録で入力の時短 }

　職場でパソコンを貸与されたら、すぐに単語登録をしましょう。**変換しにくい漢字（固有名詞など）や、よく使う挨拶文などを60字まで登録できます。**

　たとえば、「おつ」で「お疲れさまです。」や、「いつ」で「いつもお世話になっております。」など、短いよみで長い文章を変換できるようになります。また入力ミスしやすいメールアドレスや社員コードなどの登録もおすすめです。

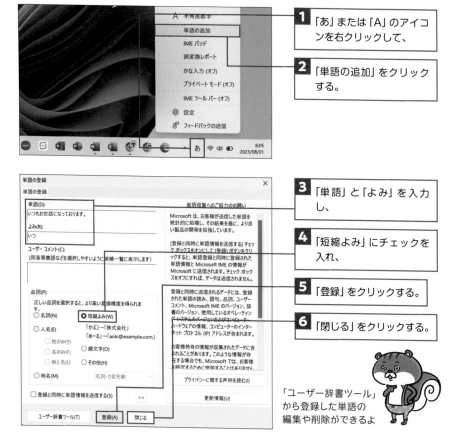

1 「あ」または「A」のアイコンを右クリックして、

2 「単語の追加」をクリックする。

3 「単語」と「よみ」を入力し、

4 「短縮よみ」にチェックを入れ、

5 「登録」をクリックする。

6 「閉じる」をクリックする。

「ユーザー辞書ツール」から登録した単語の編集や削除ができるよ

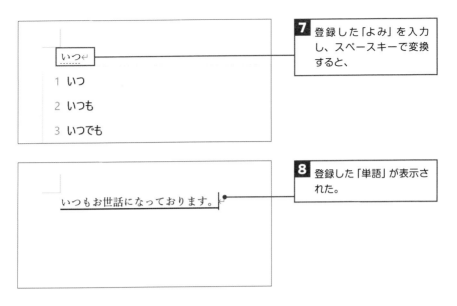

7 登録した「よみ」を入力し、スペースキーで変換すると、

8 登録した「単語」が表示された。

{ 定型文や画像を登録するクリップボード履歴 }

「クリップボード履歴」とは、過去にコピーしたデータを25個までさかのぼって貼り付けることができる機能です。「クリップボード」とはWindowsがコピーした内容を保管する場所のことです。

⊞ + Ⅴキーでクリップボード履歴をオンにすると、コピーした内容が残るようになります。単語登録では登録できない**メールの定型文などの改行を含む文章や、画像なども登録できる**ので、ぜひ時短に役立ててください。

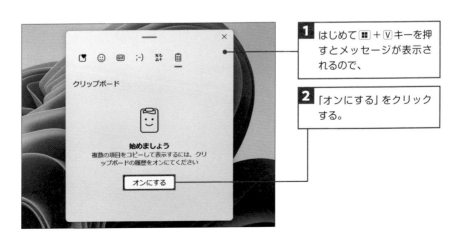

1 はじめて ⊞ + Ⅴ キーを押すとメッセージが表示されるので、

2 「オンにする」をクリックする。

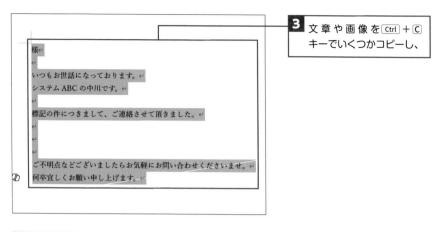

3 文章や画像を Ctrl + C キーでいくつかコピーし、

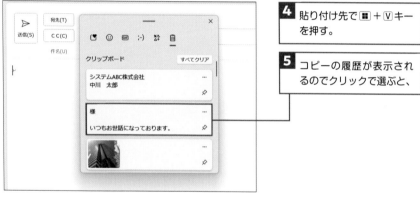

4 貼り付け先で ⊞ + V キーを押す。

5 コピーの履歴が表示されるのでクリックで選ぶと、

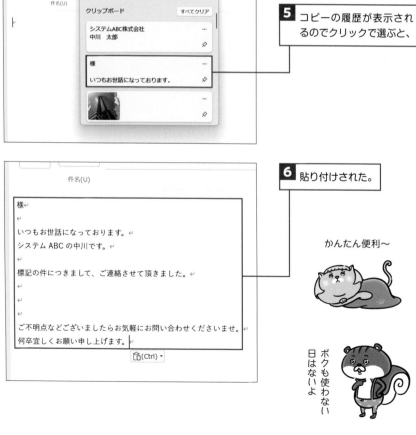

6 貼り付けされた。

かんたん便利〜

ボクも使わない日はないよ

◆ ピン留めする方法

コピーした内容は電源を落とすと消えますが、**ピン留めし、登録することでいつでも使える**ようになります。ただし、クリップボード履歴には不要なコピー履歴も残りますので、**「すべてをクリア」を併用**することで登録したものをすぐに表示できます。

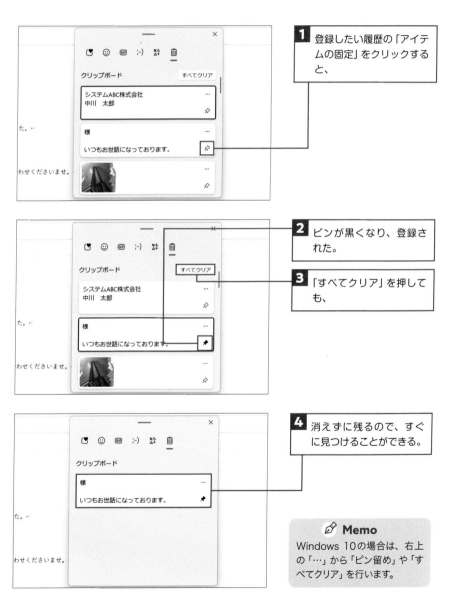

1 登録したい履歴の「アイテムの固定」をクリックすると、

2 ピンが黒くなり、登録された。

3 「すべてクリア」を押しても、

4 消えずに残るので、すぐに見つけることができる。

🖋 Memo

Windows 10の場合は、右上の「…」から「ピン留め」や「すべてクリア」を行います。

環境づくり
03 アプリの起動を早くする

{ アプリ起動はWindowsキーから }

アプリは⊞**キーを使って起動する**ことができます。たとえばExcelを起動するなら、⊞キーを押した後、直接アプリの頭文字「e」を入力します。そうすると「e」ではじまるアプリが表示されるので、必要な場合は↓キーを使って開きたいアプリを選択し、そのまま Enter キーですぐに起動します。

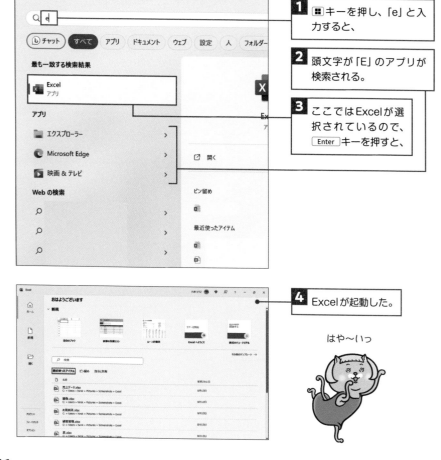

1 ⊞キーを押し、「e」と入力すると、

2 頭文字が「E」のアプリが検索される。

3 ここではExcelが選択されているので、Enter キーを押すと、

4 Excelが起動した。

はや～いっ

｛ よく使うアプリはタスクバーに登録 ｝

ExcelやメールやブラウザなどＢよく使うアプリはタスクバーに登録すると便利です。タスクバーは常に画面下にあるため、**クリック一つで起動にもタスク切り替えにも使えます**。タスクバーにアプリが増えすぎるとスクロールが必要になってしまうため、不要なアプリはなくして、厳選したアプリだけを登録しておきましょう。

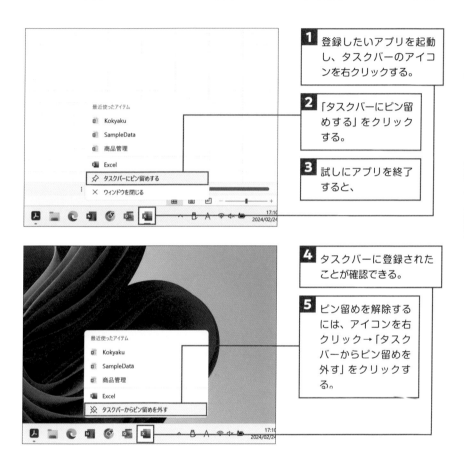

1 登録したいアプリを起動し、タスクバーのアイコンを右クリックする。

2 「タスクバーにピン留めする」をクリックする。

3 試しにアプリを終了すると、

4 タスクバーに登録されたことが確認できる。

5 ピン留めを解除するには、アイコンを右クリック→「タスクバーからピン留めを外す」をクリックする。

知っておきたい！

タスクバーからすぐにファイルを起動

タスクバーのアイコン上で右クリックすると上図のようにファイルの履歴（「最近使ったアイテム」）が表示されます。これをクリックするとファイルがすぐに開くので効率的です。さらにファイル名の右側に表示されるピンをクリックすると、そのファイルがいつでも表示されるようになります。

ファイルを見やすく管理する

環境づくり **04**

〔 フォルダーの便利な管理法 〕

ファイルをまとめて収納する入れ物がフォルダーです。フォルダーの中にもフォルダーを作成できますが、複雑になりすぎないよう**3階層くらいまで**にするとファイルを探しやすく保つことができます。また、作成した**フォルダー名の前に番号を付けると、管理したい順番に並べることができて便利**です。たとえば「10_東北」「20_関東支店」「30_九州支店」という具合です。数字を2桁にすることで、フォルダーが増えても間の数字で対応できます。

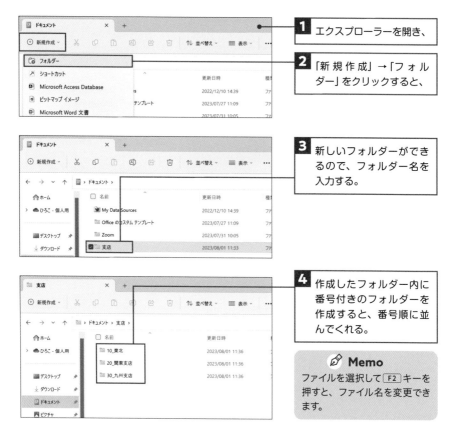

1 エクスプローラーを開き、

2 「新規作成」→「フォルダー」をクリックすると、

3 新しいフォルダーができるので、フォルダー名を入力する。

4 作成したフォルダー内に番号付きのフォルダーを作成すると、番号順に並んでくれる。

> ✒ **Memo**
> ファイルを選択して[F2]キーを押すと、ファイル名を変更できます。

｛ ショートカットからフォルダーへ移動 ｝

　特定のフォルダーやファイルにすばやくアクセスするために、**デスクトップに**
ショートカットを作成しておきましょう。ショートカットをダブルクリックするだ
けで、目的のフォルダーやファイルを開けるようになります。作成されたショート
カットは、削除しても実際のフォルダーやファイルがなくなることはありません。

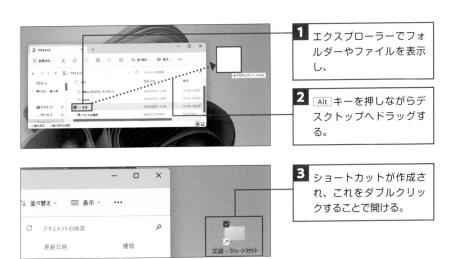

1 エクスプローラーでフォ
ルダーやファイルを表示
し、

2 Alt キーを押しながらデ
スクトップへドラッグす
る。

3 ショートカットが作成さ
れ、これをダブルクリッ
クすることで開ける。

｛ デスクトップは整理整頓しよう ｝

　デスクトップ上にフォルダーやファイルが散乱していると、探すのに時間がかかる
だけでなく、パソコンの動きも遅くなります。デスクトップにはショートカットと現
在進行中のファイルなど、必要最低限のものだけ残しましょう。

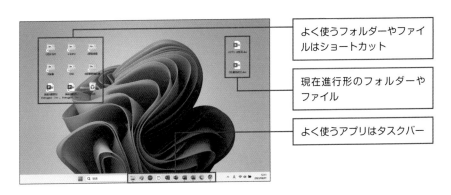

よく使うフォルダーやファイ
ルはショートカット

現在進行形のフォルダーや
ファイル

よく使うアプリはタスクバー

大切なファイルの バックアップ

{ USBメモリや外付けSSDに保存 }

　バックアップはパソコン仕事の最優先事項です。重要なファイルが消えてしまうと、仕事は滞り、周囲に多大な迷惑をかけてしまうこととなります。パソコン以外の記録メディアにも必ずバックアップをとっておきましょう。

　Officeファイルでしたら**クラウドやUSBメモリ**に、画像や動画でしたら**容量の大きな外付けHDD**（ハードディスクドライブ）や、**処理速度の速い外付けSSD**（ソリッドステートドライブ）がおすすめです。

● USBメモリ

▲ RUF3-K64GA-BK ／ BUFFALO

● 外付けHDD

▲ ELD-STV040UBK ／ ELECOM

● 外付けSSD

▲ SSD-PUT1.0U3-BKC ／ BUFFALO

バックアップで
もしものときも安心！

ネコミさん、
スキルアップ
したね

｛ クラウドに保存 ｝

インターネット上にあるクラウドにファイルを保存することは、大切なファイルのバックアップとなります。私たちの身近なクラウドに、Microsoft社の**OneDrive**がありますが、その中にあるOfficeファイルはこまめに自動バックアップされています。万が一パソコンが壊れても、クラウドに保存されたファイルは、**別のパソコンやスマホから同じアカウントでログインすればアクセスが可能**です。ファイルを保存できなかったときには、確認してみてください。

● OneDriveの場所

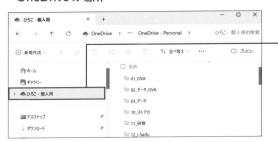

エクスプローラーのここをクリックするとOneDriveにアクセスできる。

画面右下のOneDriveアイコンをクリックし、「オンラインで表示」をクリックするとWeb版にアクセス可能。

● OneDrive内のOfficeファイルは自動バックアップされる

1 ［ファイル］タブ→「情報」をクリックする。

2 「バージョン情報」をクリックするか、ここに表示されているファイルをクリックして復元する。

PC の動作を軽くする

{ 不要な常駐アプリをオフにする }

パソコンの電源をつけたときに自動で起動するアプリを**「常駐アプリ」**といいます。ハードウェアの状態を監視する、ウィルスを検知する、などバックグラウンドで動作し続けるため、パソコンのパフォーマンスを低下させる一因となっています。使わなくなったアプリが常駐している場合もあるので、定期的にチェックし、**不要な常駐アプリはオフ**にしましょう。プリンター専用のソフトウェアや、複数のウィルスソフトが入っている場合は1つを残してオフにするとパソコンの動きが軽くなることが多いです。

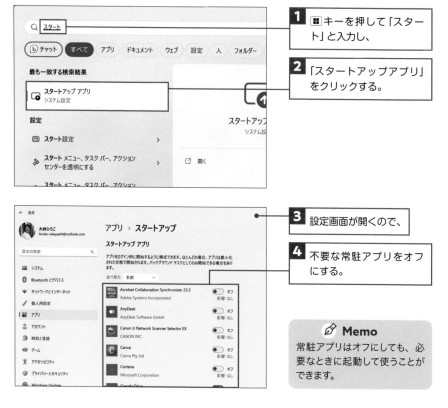

1 ⊞ キーを押して「スタート」と入力し、

2 「スタートアップアプリ」をクリックする。

3 設定画面が開くので、

4 不要な常駐アプリをオフにする。

✎ Memo
常駐アプリはオフにしても、必要なときに起動して使うことができます。

{ Windowsアップデートを更新する }

パソコンがいつもと違う動きをするが原因がわからない、そんなときは**Windowsアップデート**で解決することがあります。Windowsアップデートではバグ修正や新機能が追加され、パソコンのセキュリティや安定性が維持されます。

Windowsアップデートは自動更新されるのであまり意識する必要はありませんが、パソコンの動作が不安定な場合は手動で更新することを試してみましょう。

◆ 自動でWindowsアップデート

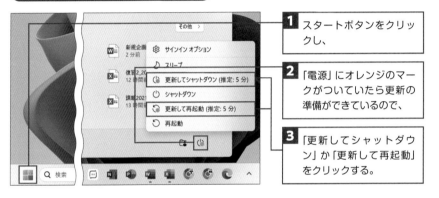

1 スタートボタンをクリックし、

2 「電源」にオレンジのマークがついていたら更新の準備ができているので、

3 「更新してシャットダウン」か「更新して再起動」をクリックする。

◆ 手動でWindowsアップデート

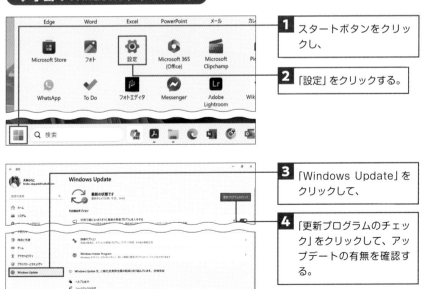

1 スタートボタンをクリックし、

2 「設定」をクリックする。

3 「Windows Update」をクリックして、

4 「更新プログラムのチェック」をクリックして、アップデートの有無を確認する。

◆ 著者プロフィール

大林ひろこ

1990年、IT会社にパソコンインストラクターとして入社。結婚退職、子育てを経て、現在は、まなびのマーケット「ストアカ」で受講満足度99.4％のプラチナ講師。また、専門学校で留学生向けの授業を担当。

◆ カバーデザイン ──── 喜来詩織（エントツ）
◆ イラスト ─────── オゼキイサム
◆ 本文デザイン・DTP ── リンクアップ
◆ 編集 ──────── 石井亮輔

■ お問い合わせについて

本書の内容に関するご質問は、Webか書面、FAXにて受け付けております。電話によるご質問、および本書に記載されている内容以外の事柄に関するご質問にはお答えできかねます。あらかじめご了承ください。

〒162-0846
東京都新宿区市谷左内町21-13
株式会社技術評論社　書籍編集部
「取り急ぎ、パソコン仕事の基本だけ教えてください！」質問係
Web　https://book.gihyo.jp/116
FAX　03-3513-6181

なお、ご質問の際に記載いただいた個人情報は、ご質問の返答以外の目的には使用いたしません。また、ご質問の返答後は速やかに破棄させていただきます。

取り急ぎ、パソコン仕事の基本だけ教えてください！

2024年5月7日　初版　第1刷発行

著者　　　大林ひろこ
発行者　　片岡　巌
発行所　　株式会社技術評論社
　　　　　東京都新宿区市谷左内町21-13
　　　　　電話 03-3513-6150　販売促進部
　　　　　　　 03-3513-6185　書籍編集部
印刷／製本　日経印刷株式会社

定価はカバーに表示してあります。

造本には細心の注意を払っておりますが、万一、乱丁（ページの乱れ）や落丁（ページの抜け）がございましたら、小社販売促進部までお送りください。送料小社負担にてお取り替えいたします。

ISBN978-4-297-14118-9 C3055
Printed in Japan